ECOLOGICAL ENVIRONMENT

生态环境产教融合系列教材

地下水环境数值模拟实训

主编　赵隆峰

编委　丁世敏　陈　银

U0258857

中国科学技术大学出版社

内 容 简 介

本书是一本利用数值模拟技术开展地下水环境学习与实践的指导教材,以"基础理论+软件实训"的形式,使读者循序渐进地掌握地下水环境数值模拟的基本技术。本书选用功能齐全的地下水有限单元模拟软件,采用动手练习操作的编排方式,逐一讲解软件的操作界面、模型的建立与离散、模型类型及参数的设定、模型运行及结果评价等内容,简明易懂、易于运用。读者可通过动手操作和练习的过程来理解地下水数值模拟,即在建立数学模型的基础上运用相应的软件,通过程序运行模拟地下水及其中溶质、热量的运移特征和未来的发展趋势。

本书可作为高等院校水文与水资源工程、地下水科学与工程、地质工程、环境工程等专业本科生实践课程教学和自学的参考用书。

图书在版编目(CIP)数据

地下水环境数值模拟实训/赵隆峰主编.—合肥:中国科学技术大学出版社,2024.1
ISBN 978-7-312-05840-0

Ⅰ.地… Ⅱ.赵… Ⅲ.地下水—水环境—数值模拟—高等学校—教材 Ⅳ.X832

中国国家版本馆CIP数据核字(2023)第229007号

地下水环境数值模拟实训
DIXIASHUI HUANJING SHUZHI MONI SHIXUN

出版	中国科学技术大学出版社
	安徽省合肥市金寨路96号,230026
	http://press.ustc.edu.cn
	https://zgkxjsdxcbs.tmall.com
印刷	安徽省瑞隆印务有限公司
发行	中国科学技术大学出版社
开本	787 mm×1092 mm 1/16
印张	5.25
字数	118千
版次	2024年1月第1版
印次	2024年1月第1次印刷
定价	20.00元

前　言

　　人类社会的发展历程与自然环境的变迁紧密相连,从原始的狩猎采集,到农业革命,再到工业革命,每一次重大的社会进步都伴随着对自然环境的深刻影响。如今,我们身处一个科技进步、经济腾飞的时代,与此同时,解决生态环境问题也成为全球共同面临的挑战,加强环境保护和可持续发展已成为社会的共识。在这样的背景下,生态环境产教融合系列教材应运而生,这套教材不仅是对环境保护领域知识的一次全面梳理,更是对产教融合教育模式的一种实践与探索,让知识更好地服务于环保产业的创新与发展。

　　地下水在地球上数量丰富、分布广泛,所以在很多情况下,地下水是人类赖以生存的饮用水源。随着社会经济的快速发展,地下水不合理开发利用和污染问题日益严重,地下水已成为环境、水利等领域重要的研究对象。目前,数值模拟成为地下水研究的重要工具,在生产和科学研究领域发挥着不可或缺的作用。

　　对于本科教学而言,合适的地下水环境数值模拟实训类教材比较少见,现有的教材中多在地下水数值模拟的理论与计算方法方面做了比较深入、全面的阐述,列举的案例往往仅对研究区的自然地理、水文地质条件及模拟结果进行展示和说明,缺少实操过程指导,使初学者难以理解。因此,笔者特编写此书,为地下水数值模拟实践本科教学提供一本简明易懂的技术指导书。开展地下水环境数值模拟,必须对地下水基础知识、地下水运动基本方程和常用数值方法有清晰的认识,对地下水数值模拟的基本参数要清楚地知道其意义。鉴于此,本书主要包括基础理论和软件实训两部分。在基础理论部分,介绍地下水数值模拟的基本知识。在实训部分,本书依托地下水数值模拟软件,循序渐进地讲解从地下水环境模型构建到结果分析、评价的操作步骤,使读者能够比较快捷地熟悉并掌握地下水数值模拟的基本技术。

　　本书在编写过程中,参考了诸多文献,对文献的作者表示感谢,在此不一一列举。由于编者水平所限,错误和疏漏之处在所难免,敬请读者和专家指正,以便不断完善。

编　者

2023年9月1日

目　　录

第1章 绪 论

1.1 地下水基础知识

地下水在地球上数量丰富、分布广泛,可以为人类所用,并且与大气水资源和地表水资源密切联系、互相转化。全世界有100多个国家缺水,我国也是一个相当缺水的国家。我国水资源空间分布很不平衡,北方水资源贫乏,南方水资源相对丰富,南北相差悬殊,尤其华北地区水资源短缺现象最为严重。所以在很多情况下,地下水是人类赖以生存的饮用水源。

1.1.1 地下水的存在形式

地下水存在于岩石空隙之中。根据不同的存在形式,划分为固态水、气态水和液态水三类,液态水又可以根据水分子是否被岩石固体颗粒吸引住而分为结合水和重力水两类。

(1) 固态水:在寒冷或高海拔地区,水在温度过低时会结成冰,形成固态水。固态水存在于岩石空隙中,但不会参与流动。

(2) 气态水:以水蒸气状态存在于未饱和岩石的空隙中的水。气态水可以随空气的流动而运动,但即使空气不流动,它本身也可以发生迁移。

(3) 结合水:指地下水与岩石、土壤颗粒表面吸附的分子结合的水。这种水一般不会参与重力流动,但在一定范围内可蒸发或凝结。

(4) 重力水:在地下水位较高的情况下,水在重力作用下沿着岩石和土壤颗粒之间的空隙自由流动,称为重力水。重力水是地下水的主要存在形式,也是人类利用最多的地下水资源。

1.1.2 地下水的埋藏条件

所谓埋藏条件是指含水岩层在地质剖面中所处的部位及受隔水层(弱透水层)限制的情况。据此可把地面以下岩层分为包气带和饱水带。地下水面以上称为包气带,以下称为饱水带(图1.1)。

按照埋藏条件进一步细化,可将地下水分为包气带水(包括土壤水、上层滞水、毛细水及过路重力水)、潜水和承压水。其中潜水和承压水属饱水带水,是供水水文地质的主要研究对象。

上层滞水是指赋存于包气带中局部隔水层或弱透水层上面的重力水。它是由大气降水和地表水等在下渗过程中局部受阻积聚而成的。上层滞水的水面构成其顶界面。该水面仅承受大气压力而不承受静水压力,是一个可以自由涨落的自由表面。上层滞水因完全靠大气降水或地表水体直接渗入补给,水量受季节控制非常显著,并且因为接近地表,补给水入渗途径短,上层滞水容易受污染,因此作为饮用水水源时必须加以注意。

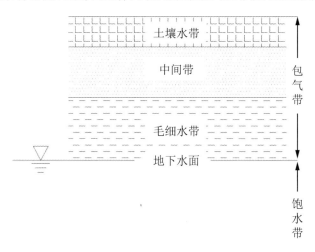

图 1.1 包气带与饱水带

潜水是指赋存于地表下第一个稳定隔水层之上,具有自由表面的含水层中的重力水。潜水没有隔水顶板或只有局部隔水顶板。潜水的水位、埋藏深度、水量水质等受多因素控制,随时间的不同呈现显著的季节性变化。潜水面的形状及埋藏深度受地形起伏的控制和影响。潜水面直接与包气带相连构成潜水含水层的顶界面,该面一般不承受静水压力,是一个仅承受大气压力的自由表面。潜水的水质除受含水层的岩性影响外,还受到气候、水文和地质等因素的显著影响。此外,潜水因其埋藏浅并且上部没有完整的隔水层,所以很容易受到污染。

承压水是指充满于两个稳定的不透水层(或弱透水层)之间的含水层中的重力水。由于埋藏条件不同,承压水具有与潜水和上层滞水显著不同的特点。承压含水层因受上部隔水层的影响,与大气圈、地表水圈的联系较差,不易受水文、气象等因素的影响或影响相对较小,水循环缓慢,水资源不易恢复补充。因为上部分布有完整的隔水层,承压水水质不易受污染,但一旦被污染,净化十分困难。

1.1.3 地下水运动基本特征

地下水在岩石孔隙中渗流时,水流质点有秩序、互不掺杂的流动称为层流;水流质点做无秩序、互相掺杂的流动称为紊流。在层流状态下,地下水渗透基本符合线性渗透规律,适用达西定律;对于雷诺系数超过 1~10 的非达西流,通常用斯姆莱盖尔公式和哲才公式表达流动规律。

天然条件下地下水的渗流速度通常很缓慢,绝大部分为层流运动,一般可用线性定律描述其运动规律。

1.2 地下水模型类型及其简介

原型是客观存在的研究对象客体。模型则是研究对象的替代物,是具有原型特征的替代物,是实际系统(如实际自然现象)或过程的简化、抽象和类比表示,因而可以通过它再现该实际系统或过程的状态。模型的种类很多,在地下水研究中常用的有物理模型和数学模型两大类。

1.2.1 物理模型

物理模型以模型和原型之间的物理相似或几何相似为基础,主要包括实际地下水流机制的模拟模型。这种模型使用实体材料来模拟地下水流过的情况,比如用沙槽模拟地下含水层和地质结构,或者使用黏性流体模型来模拟地下水的流动。此外,物理模型还可以是电网络模拟模型,通过电气模拟方法来模拟地下水流。

1.2.2 数学模型

数学模型以模型和原型之间在数学形式上的相似为基础。它是一组数学关系式,以数量关系和空间形式刻画实际系统内所发生的物理过程,具备再现实际系统的能力。如模拟地下水流,通过控制方程表述系统内发生的物理过程,以及通过控制方程描述模型的边界条件、初始条件。

一般可以用两种方法去获得一个描述实际问题数学模型的解:解析法和数值法。用解析法求解数学模型可以得到解的函数表达式。应用此函数表达式可以得到所求未知量(如水头、浓度等)在含水层内任意时刻、任意点上的值。解的精度高,因而称为精确解或解析解。但它的局限性在于只适用于含水层几何形状规则、性质均匀,厚度固定、边界条件单一的理想情况。实际问题要复杂得多,如边界形状不规则;含水层是非均质的,甚至是非均质各向异性的;含水层厚度变化,甚至有缺失的情况。对于一个描述实际地下水系统的数学模型来说,一般都难以找到它的解析解,只能求得用数值表示的在有限个离散点(称为节点)和离散时段上的近似解,称为数值解。求数值解的方法称为数值法。在计算机上用数值法来求数学模型的近似解,以达到模拟实际系统的目的就称为数值模拟。

1.3 地下水环境数值模拟的特点

和其他方法比较,数值模拟有很多优点,主要有:

(1) 模拟在通用计算机上进行,不需要像物理模拟那样建立专门的一套设备。

(2) 有广泛的适用性,可以用于水量计算、水位预报以及水质、水温、地面沉降等的计算。各种复杂的含水层、边界条件、水流情况都能模拟出来。数值模拟除了广泛用于上述预报未来、预测某种作用的后果外,还能用来对区域含水层系统进行分析以改善对区域水流系统的了解,帮助确定含水层边界的位置与特征,并对系统内水的数量、含水层的补给量进行正确评估。此外,模型还能用来研究一般地质背景中的各种过程,如研究湖泊与地下水的相互作用,作为识别某些建议行为是否适合某些领域、范围的工具。

(3) 修改算法、修改模型比较方便。

(4) 可以程序化,只要编好通用软件,对不同的具体问题按要求整理数据就能上机计算,并能立即得到相应的结果。

不足之处是其结果的精确程度或可靠性取决于水文地质概念模型是否合理、可靠,边界条件、源汇项数据、初始流场等条件是否准确,相关水文地质资料和数据是否详尽。没有可靠、准确、详尽的基础数据支撑,数值模拟的结果谈不上准确、可靠。在这些条件下应用地下水数值模型,需要工作人员清晰地了解模型存在的不确定性。

第2章 地下水环境数值模拟的基础理论

2.1 地下水运动基本方程

2.1.1 地下水流运动基本方程

1. 达西定律

达西(Darcy)是法国杰出的工程师和著名的水利学家。1856年,Darcy在经过大量的试验后,发表了对多孔介质中水流运动规律的研究成果,即著名的达西定律。达西定律关系式如下:

$$v = KJ \tag{2.1}$$

式中,J为水力坡度,$J = \Delta H / l$,在实际地下水流中,水力坡度往往各处不同,水力坡度表示为$J = -\mathrm{d}H/\mathrm{d}l$;$\Delta H$为在渗流路径上的水头损失值;$l$为渗流路径长度;$K$为渗透系数,当水力坡度为1时,渗透系数数值上等于渗透速度。K是有关含水层非常重要的水文地质参数,其数值随空间和方向变化。例如,层状含水层这类各向异性含水层中,水平方向K值大于垂直方向。不同沉积类型含水层K值在空间上具有变化。

渗透系数不仅取决于岩石的性质,还与渗透液体的物理性质有关。同一种岩层,对水和油的渗透系数不同,热水和凉水的渗透系数也不同。对于地下水,渗透系数随温度变化很小,一般仅看作含水层的水文地质参数。在研究盐水、石油等液体渗透时,就需要考虑渗透系数随液体性质变化的情况。渗透率k表示介质通过液体或气体的能力,仅仅与岩层性质有关,渗透系数K与渗透率k具有如下关系:

$$K = \frac{\gamma \cdot k}{\mu} \tag{2.2}$$

式中,γ为液体容重;μ为液体动力黏滞系数。

式(2.1)中v表示渗透速度。渗透速度是一种假想速度。当流量不变时,整个过水断面像水管一样全部被假想的水流充满时,渗流就应以这种速度运动。渗透速度不等于含水层中实际的水流速度,二者关系为$v = nu$,这里n为含水层有效孔隙度,u为实际水流速度。

达西定律有一定的适用条件,即当雷诺数在1~10之间时,地下水运动服从达西定律。

2. 渗流连续性方程

在充满液体的渗流区内取一无限小的平行六面体,来研究其中水流的平衡关系所得到的结果就是渗流连续性方程,它是质量守恒定律在渗流研究中的具体应用,是研究地下水运动的基本方程。

设六面体的各边长度为 Δx、Δy、Δz,并且和坐标轴平行。则该六面体内的水流平衡关系可表示为

$$-\left[\frac{\partial(\rho V_x)}{\partial x}+\frac{\partial(\rho V_y)}{\partial y}+\frac{\partial(\rho V_z)}{\partial z}\right]\Delta x\Delta y\Delta z=\frac{\partial}{\partial t}\left[\rho n\Delta x\Delta y\Delta z\right] \tag{2.3}$$

式中,V_x、V_y、V_z 为沿坐标轴的渗透速度的分量;ρ、n 分别为水的密度、介质的有效孔隙度;$\rho n\Delta x\Delta y\Delta z$ 为平行六面体内液体的质量;$\frac{\partial}{\partial t}\left[\rho n\Delta x\Delta y\Delta z\right]$ 为平行六面体内液体质量的变化量,即储存量的变化量。

式(2.3)即为非稳定流的渗流连续方程,表明渗流场中任意体积含水层流入和流出水的质量差恒等于该体积中水质量的变化量。它表达了渗流区内任何一个"局部"所必须满足的质量守恒定律。

若把含水层看作刚体,$\rho=$常数,n 不变,即水和介质没有弹性变形或渗流为稳定流,则渗流连续性方程为

$$\frac{\partial V_x}{\partial x}+\frac{\partial V_y}{\partial y}+\frac{\partial V_z}{\partial z}=0 \tag{2.4}$$

式(2.4)即为稳定流条件下的渗流连续性方程。此式表明,在同一时间内流入单元体的水体积等于流出的水体积,即体积守恒。

连续性方程是研究地下水运动的基本方程,各种研究地下水运动的微分都是根据连续性方程和反映质量守恒定律的方程建立起来的。

3. 承压水运动的基本方程

根据质量守恒定律,单位时间内流入和流出单元体积的水量差,等于该时间段内单元体弹性释放(或储存)的水量,推导可得到非均质各向同性介质的承压水运动三维微分方程:

$$\frac{\partial}{\partial x}\left(K\frac{\partial H}{\partial x}\right)+\frac{\partial}{\partial y}\left(K\frac{\partial H}{\partial y}\right)+\frac{\partial}{\partial z}\left(K\frac{\partial H}{\partial z}\right)=S_s\frac{\partial H}{\partial t} \tag{2.5}$$

式中,S_s 为贮水率。式(2.5)反映了承压含水层中地下水运动的质量守恒关系,它表明单位时间内流入流出单位体积含水层的水量差值等于同一时间内单位体积含水层内弹性释放(或贮存)的水量。

对于非均质各向异性介质,地下水运动的质量守恒关系表现为下列形式:

$$\frac{\partial}{\partial x}\left(K_{xx}\frac{\partial H}{\partial x}\right)+\frac{\partial}{\partial y}\left(K_{yy}\frac{\partial H}{\partial y}\right)+\frac{\partial}{\partial z}\left(K_{zz}\frac{\partial H}{\partial z}\right)=S_s\frac{\partial H}{\partial t} \tag{2.6}$$

对于均质各向同性介质来说,可进一步简化为

$$\frac{\partial^2 H}{\partial x^2} + \frac{\partial^2 H}{\partial y^2} + \frac{\partial^2 H}{\partial z^2} = \frac{S_s}{K}\frac{\partial H}{\partial t} \tag{2.7}$$

当含水层内有源或汇时,只要在式(2.5)~式(2.7)左端加源汇项 W 就行了。当从含水层抽水或垂向有水流出含水层时,W 为负值,表示汇;当向含水层注水或垂向有水流入含水层时,W 为正,表示源。对于三维问题,W 表示单位时间从单位体积含水层中流入或流出(包括抽、注水)的水量;对于二维问题,W 表示单位时间在垂向从单位水平面积含水层中流入或流出的水量。所以 W 中通常包括两部分内容,即降水入渗补给地下水的量和抽、注水量。

二维情况下,非均质各向同性介质承压水运动微分方程常写成下列形式:

$$\frac{\partial}{\partial x}\left(T\frac{\partial H}{\partial x}\right) + \frac{\partial}{\partial y}\left(T\frac{\partial H}{\partial y}\right) + W = S\frac{\partial H}{\partial t} \tag{2.8}$$

式中,$T = KM,S = S_sM$ 分别为导水系数和贮水系数;M 为含水层厚度。注意:贮水系数 S 和导水系数 T 只能出现在二维水流方程中,在三维方程中应为贮水率 S_s 和渗透系数 K。

对于均质各向同性介质有

$$T\left(\frac{\partial^2 H}{\partial x^2} + \frac{\partial^2 H}{\partial y^2}\right) + W = S\frac{\partial H}{\partial t} \tag{2.9}$$

均质各向同性含水层中的稳定流运动:

$$\frac{\partial^2 H}{\partial x^2} + \frac{\partial^2 H}{\partial y^2} + \frac{\partial^2 H}{\partial z^2} = 0 \tag{2.10}$$

稳定运动方程的右端都等于零,意味着同一时间内流入单元体的水量等于流出的水量。这个结论不仅适用于承压含水层,也适用于潜水含水层。

4. 潜水运动的基本方程

(1) 裘布依(Dupuit)假设

① 潜水面比较平缓,等水头面呈铅直,水流基本水平,可忽略渗流速度的垂直分量;

② 隔水底板水平,铅垂剖面上各点的水头都相等,各点的水力坡度和渗流速度都相等,$H(x,y,z,t)$ 可以近似地用 $H(x,y,t)$ 代替。

(2) 潜水非稳定运动的微分方程

根据裘布依假设和质量守恒原理可以导出潜水非稳定流动的方程:

$$\frac{\partial}{\partial x}\left(Kb\frac{\partial H}{\partial x}\right) + \frac{\partial}{\partial y}\left(Kb\frac{\partial H}{\partial y}\right) + W = \mu\frac{\partial H}{\partial t} \tag{2.11}$$

式中,$b = H - z$,为潜水含水层厚度;z 为隔水底板标高;W 为单位时间、单位水平面积上垂向补给的水量(蒸发取负值);μ 为给水度。这是一个非线性方程。

注意,由式(2.11)得到的 $H = H(x,y,t)$ 为该点在 z 方向上含水层内各点水头平均值的近似值,并不是某一个点的水头,所以不能用它来计算同一垂直剖面上不同点的水头变化。因此它对排水沟降低地下水位,土坝渗流等无压渗流问题不适用,此时应采用不用裘布依假设的一般方程,即

$$\frac{\partial}{\partial x}\left(K\frac{\partial H}{\partial x}\right) + \frac{\partial}{\partial y}\left(K\frac{\partial H}{\partial y}\right) + \frac{\partial}{\partial z}\left(K\frac{\partial H}{\partial z}\right) = S_s\frac{\partial H}{\partial t} \tag{2.12}$$

自由面(潜水面)升降引起的水量变化则作为边界条件来处理。

(3) 潜水稳定运动的微分方程

没有入渗和蒸发时,潜水稳定运动的方程式如下:

非均质:

$$\frac{\partial}{\partial x}\left(Kb\frac{\partial H}{\partial x}\right) + \frac{\partial}{\partial y}\left(Kb\frac{\partial H}{\partial y}\right) = 0 \tag{2.13}$$

均质:

$$\frac{\partial}{\partial x}\left(b\frac{\partial H}{\partial x}\right) + \frac{\partial}{\partial y}\left(b\frac{\partial H}{\partial y}\right) = 0 \tag{2.14}$$

2.1.2 地下水溶质运移基本方程

1. 含水层中溶质运移的机制

地下水中溶质的运移十分复杂,涉及多种因素,如温度、酸碱度、溶质浓度、微生物活动、植物的吸收等。因此,研究溶质在地下水中的迁移,应根据溶质特性和研究目的,选择主要因素,阐明溶质运移机制。溶质在地下水中运移的主要机制有对流、扩散、机械离散、吸附和解吸等。

(1) 对流

地下水在含水层中运动,携带着溶质以地下水平均实际流速一起运动,这种溶质随着地下水的运动称为溶质的对流。

(2) 分子扩散

分子扩散是物质在物理化学作用下,由浓度不一引起的物质运动现象,它是由不均一向均一发展的过程。不仅在液体静止时有分子扩散,在运动状态下同样也有分子扩散,既有沿运动方向的纵向扩散,也有垂直运动方向的横向扩散。因此,地下水与污水在不发生相对流动时,污水中的污染物亦会因为有分子扩散作用而进入地下水中。

(3) 离散作用

当溶质质点在孔隙介质中运动时,由于流体黏滞性和固体颗粒的存在,使得流场中各点运动速度的大小和方向都不相同。首先,单个孔隙通道中靠近颗粒表面处的流速为零,而通道中心处流速最大。其次,孔径大小不同的通道,其最大流速、平均流速各不相同。再次,流体在多孔介质中流动时,受到固体颗粒阻挡而发生绕行,流速有时也会出现其他方向的分支和分流,流线相对于平均流动方向产生起伏和偏离。人们把这种溶质质点在微观尺度上出于流速的变化而引起的相对于平均流速的离散运动,称为离散作用。离散作用的结果也是溶质浓度的平均化,但它是由流速的大小和方向不同引起的,当流速适当大时,离散作用大大超过分子扩散作用。

由于扩散和离散从效果上而言是类似的,于是两个作用叠加,合为一项称为水动力弥散系数。

(4) 过滤和吸附作用

溶质在含水层中运移时,由于介质的吸附,使某些组分数量减少。属于这方面的作用主要有如下几种:

① 机械过滤作用,由于介质孔隙大小不一,在小孔隙或"盲孔"作用下,地下水中的悬浮物、胶体物及乳状物被机械过滤而截留,使水中这些物质的含量减少。

② 物理吸附作用,在孔隙介质中,因为岩石颗粒具有表面能,可以吸附水中的阳离子,特别是高度分散的黏性土颗粒,表面能很大,可以吸附大量的离子。此外,还会发生阳离子交换作用,使水中某些离子减少,而另一些离子增加。

③ 化学吸附作用,污水中的某些离子被介质吸附进入其结晶格架中,成为介质结晶格架的组成部分,它不可能再返回溶液,从而使水中这些离子浓度减小。

④ 生物吸附作用,微生物在地下水中的运移情况,一方面取决于微生物在地下水中生存时间的长短,另一方面与岩石颗粒对其吸附性有关。由于岩石颗粒的表面能和静电力可以吸附大量的微生物,生物(尤其是细菌)在地下水运移过程中浓度迅速降低,其迁移的距离一般不超过数百米。

在对溶质运移进行数学描述时,常将各种吸附作用综合在一起用一个系数来表示,把它与水动力弥散区分开来。

(5) 源和汇

源和汇可以分为面状分布的源汇和点状分布的源汇。面状源汇包括降水和蒸发。点状源汇包括井、渠和河流。取决于流体模型的边界的定水头和常水头也当作点状源汇处理,因为它们在运移模型中的实际作用和井、渠或河流的作用是一样的。

对于源而言,要给定源水的浓度。对于汇而言,汇水中的浓度通常等于该点所处含水层中地下水的浓度,不能被给定。但是有一种情况是特殊的,即蒸发,蒸发是假设仅有纯水从含水层中分离,所以其浓度为零。

2. 溶质运移基本方程

(1) 基本方程

基本方程用来描述溶质 k 在三维瞬态地下水流系统中的迁移和去向,被写成

$$\frac{\partial(\theta C^k)}{\partial t} = \frac{\partial}{\partial x_i}\left(\theta D_{ij}\frac{\partial C^k}{\partial x_j}\right) - \frac{\partial}{\partial x_i}(\theta v_i C^k) + q_s C_s^k + \sum R_n \tag{2.15}$$

式中,θ 为地下介质的孔隙度;C^k 为溶质 k 的溶解浓度;t 为时间;x_i、x_j 分别为沿 x、y 坐标轴的距离;D_{ij} 为水动力弥散系数张量;v_i 为渗流或线性孔隙水流速度,它与单位流量或达西流量 q_i 有关,$v_i = q_i/\theta$,q_s 为单位体积含水层源(正值)和汇(负值)的体积流量,C_s^k 为源汇流中溶质 k 的浓度;$\sum R_n$ 为化学反应项。

方程(2.15)等号左边可以展开成两项:

$$\frac{\partial(\theta C^k)}{\partial t} = \theta \frac{\partial C^k}{\partial t} + C^k \frac{\partial \theta}{\partial t} = \theta \frac{\partial C^k}{\partial t} + q_s C^k \tag{2.16}$$

式中，q_s 为瞬态地下水量的改变速率，$q_s = \partial \theta / \partial t$。

方程(2.15)中的化学反应项包括了污染物消减和迁移过程中常规的生物化学和地球化学反应作用。考虑到化学反应只有两个基本类型，如液-固表面反应(吸附作用)和一阶速率反应，化学反应项可以描述为

$$\sum R_n = -\rho_b \frac{\partial \overline{C}}{\partial t} - \lambda_1 \theta C^k - \lambda_2 \rho_b \overline{C}^k \tag{2.17}$$

式中，ρ_b 为地下介质的体积密度；$\overline{C}^k$ 为地下固相吸附物质 k 的浓度；λ_1 为溶解项的第一反应速率；λ_2 为吸附项(固)的第一反应速率。

用方程(2.16)和方程(2.17)替换方程(2.15)，并为简单起见，去掉物质类别标注 k，方程(2.15)重新整理并改写成

$$\theta \frac{\partial C}{\partial t} + \rho_b \frac{\partial \overline{C}}{\partial t} = \frac{\partial}{\partial x_i}\left(\theta D_{ij} \frac{\partial C}{\partial x_j}\right) - \frac{\partial}{\partial x_i}(\theta v_i C) + q_s C_s - q'_s C - \lambda_1 \theta C - \lambda_2 \rho_b \overline{C} \tag{2.18}$$

方程(2.18)实质上是一个质量平衡的描述，也就是，任意给定时间的某一化学组分质量由于弥散、对流、源汇和化学反应等造成的流入和流出的质量差。

局部平衡通常被假定为不同吸附作用的过程(也就是，吸附作用对比于迁移时间足够快速)。当局部平衡假设成立时，方程(2.18)将被描述成如下形式：

$$R\theta \frac{\partial C}{\partial t} = \frac{\partial}{\partial x_i}\left(\theta D_{ij} \frac{\partial C}{\partial x_j}\right) - \frac{\partial}{\partial x_i}(\theta v_i C) + q_s C_s - q'_s C - \lambda_1 \theta C - \lambda_2 \rho_b \overline{C} \tag{2.19}$$

式中，R 为无量纲的延迟因子，定义为

$$R = 1 + \frac{\rho_b}{\theta} \times \frac{\partial \overline{C}}{\partial C} \tag{2.20}$$

当局部平衡假设不适用时，吸附过程可以通过一阶动力学质量迁移方程来描述。

在上面描述的迁移基本方程中，仅有孔隙度是假设出来的。这里的孔隙度是指有效孔隙度，通常会比孔隙介质总的孔隙小，这反映了在孔隙中可能包含没有地下水渗流速度的非活动水的情况。有效孔隙度由于孔隙结构的复杂性，在野外不容易被测出来。更合适的是，通常将孔隙度解释成集中参数，这在模型建立中给出了羽状迁移和观测的溶质积累效应最接近的描述。在一些案例中，像断裂的介质或极端不均匀孔隙介质，更适合使用双重孔隙度方法，即定义一个基本孔隙度，用于那些以对流为主要迁移方式的充满活动水的孔隙空间，再定义一个第二孔隙度，用于那些以分子弥散为主要迁移方式的充满非活动水的孔隙空间。在活动和非活动域的交换可以通过动力学质量迁移方程来定义，与用来描述非平衡吸附的方程相似。

迁移方程通过达西定律与流体方程相关：

$$v_i = \frac{q_i}{\theta} = -\frac{K_i}{\theta} \times \frac{\partial H}{\partial x_i} \tag{2.21}$$

式中,K_i为渗透系数张量的主分量;H为水头。

水头是通过求解三维地下水流动方程而得

$$\frac{\partial}{\partial x_i}\left(K_i\frac{\partial H}{\partial x_i}\right)+q_s=S_s\frac{\partial H}{\partial t} \tag{2.22}$$

式中,S_s为含水层储水率;q_s为方程(2.15)中定义的源汇项。

方程(2.21)和方程(2.22)中对水力渗透系数张量主分量的假定是:K_x、K_y、K_z是沿着x、y、z轴的,非主要部分(交叉项)即为零。

(2) 对流

迁移方程中的对流项是$\partial(\theta v_i C)/\partial x_i$,描述了与地下水流速度相等的易混合的溶质的迁移。对于很多野外规模的溶质迁移问题,对流形式占主要地位。为了测定对流,使用一个无量纲的Peclet数,定义为

$$P_e=\frac{|\boldsymbol{v}|L}{D} \tag{2.23}$$

式中,$|v|$为渗透速度矢量的绝对值;L为特征长度,通常采用网格单元宽度;D为弥散系数。

在对流为主的问题中,涉及浓度变化峰面问题,Peclet数有一个很大的值。此时,Peclet数取无限大。

对于对流为主的问题,迁移方程的解通常受两种数值问题限制。第一种是数值离散,其效果与物理离散相似,但是是由截断误差造成的。当物理离散很小或是可以忽略时,数值离散成为一个导致峰面外形消失的重要问题。第二种数值问题是人为振荡,同样涉及未到目标和超过目标。人为振荡是典型的高阶模式,用来消除数值离散,并使浓度锋面更明显。

(3)离散作用

对于均质有孔介质,水动力弥散系数张量D的各分量形式如下:

$$D_{xx}=\alpha_L\frac{v_x^2}{|v|}+\alpha_T\frac{v_y^2}{|v|}+\alpha_T\frac{v_z^2}{|v|}+D^* \tag{2.24(a)}$$

$$D_{yy}=\alpha_L\frac{v_y^2}{|v|}+\alpha_T\frac{v_x^2}{|v|}+\alpha_T\frac{v_z^2}{|v|}+D^* \tag{2.24(b)}$$

$$D_{zz}=\alpha_L\frac{v_z^2}{|v|}+\alpha_T\frac{v_x^2}{|v|}+\alpha_T\frac{v_y^2}{|v|}+D^* \tag{2.24(c)}$$

$$D_{xy}=D_{yx}=(\alpha_L-\alpha_T)\frac{v_x v_y}{|v|} \tag{2.24(d)}$$

$$D_{xz}=D_{zx}=(\alpha_L-\alpha_T)\frac{v_x v_z}{|v|} \tag{2.24(e)}$$

$$D_{yz}=D_{zy}=(\alpha_L-\alpha_T)\frac{v_y v_z}{|v|} \tag{2.24(f)}$$

式中,D_{xx}、D_{yy}、D_{zz}为弥散系数张量的主分量;D_{xy}、D_{xz}、D_{yx}、D_{yz}、D_{zx}、D_{zy}为弥散系数张量的交叉项;α_L为纵向弥散度;α_T为横向弥散度;D^*为有效分子扩散系数;v_x、v_y、v_z为流速矢量沿工x、y、z轴的分量;$|v|$为流速矢量的绝对值,$|\boldsymbol{v}|=\sqrt{v_x^2+v_y^2+v_z^2}$。

当速度矢量与任意一个坐标轴平行时,所有的交叉项为零。

严格地讲,对均质而言,可以由两个独立的弥散度定义弥散张量,式[2.24(a)~(f)]是适用的,而对于非均质,则需要五个独立的弥散度。在野外实地中,通常很难获得五个独立的弥散度。在实际操作中,通常假设均质弥散系数也适用于非均质多孔介质。

(4) 化学反应

用来模拟速率限制的吸附一般方程式,也可以用来模拟双重对流扩散模型中的动力学质量迁移。平衡控制的线性或非线性吸附指的是溶解在地下水中的污染物(液相)和吸附在多孔介质上的污染物(固相)之间的传质过程。通常假定平衡存在于液相和固相浓度之间,并且相对于地下水流速,吸附反应足够快,可以视为是瞬间的。在一定温度下,溶解和吸附浓度之间的函数关系被称为吸附等温线。平衡控制的吸附等温线通常使用阻滞系数合并到运移模型。在运移模型中,通常考虑三种平衡控制的吸附等温线,即线性、Freundlich 和 Langmuir 吸附等温线。

① 线性吸附等温线假定吸附浓度($\overline{C}$)与溶解浓度(C)成正比:

$$\overline{C} = K_d C \tag{2.25}$$

式中,K_d 为分配系数。

阻滞因数由下式给出:

$$R = 1 + \frac{\rho_b}{\theta} \times \frac{\partial \overline{C}}{\partial C} = 1 + \frac{\rho_b}{\theta} K_d \tag{2.26}$$

② Freundlich 吸附等温线是非线性的吸附等温线,如下式:

$$\overline{C} = K_f C^a \tag{2.27}$$

式中,K_f 为 Freundlich 常数;a 为 Freundlich 指数。

K_f 和 a 都是经验系数。当指数 a 等于 1 时,Freundlich 吸附等温线成为线性吸附等温线。其阻滞因数也相应地定义为

$$R = 1 + \frac{\rho_b}{\theta} \times \frac{\partial \overline{C}}{\partial C} = 1 + \frac{\rho_b}{\theta} a K_f C^{a-1} \tag{2.28}$$

③ Langmuir 吸附等温线,见下式:

$$\overline{C} = \frac{K_L \overline{S} C}{1 + K_L C} \tag{2.29}$$

式中,K_L 为 Langmuir 系数;$\overline{S}$ 为吸附点总有效浓度。

Langmuir 吸附等温线的阻滞因数定义为

$$R = 1 + \frac{\rho_b}{\theta} \times \frac{\partial \overline{C}}{\partial C} = 1 + \frac{\rho_b}{\theta} \left[\frac{K_L \overline{S}}{(1 + K_L C)^2} \right] \tag{2.30}$$

当局部吸附平衡假设不成立时,即处于非平衡吸附状态,便假设吸附过程可以通过如下的一阶可逆动力学反应表达:

$$\rho_b \frac{\partial \overline{C}}{\partial t} = \beta \left(C - \frac{\overline{C}}{K_d} \right) \tag{2.31}$$

式中,β为溶解相和吸附相间的一阶传质速率;K_d为吸附相的分配系数,和前面线性吸附定义的相同。

式(2.31)需要和迁移方程同时解才能获得受非线性平衡吸附影响的传质解。随着传质速率β的增加(即吸附过程逐渐变快),非平衡吸附接近平衡控制的线性吸附,如式(2.27)所定义的。对于小的β值,液相和固相间的交换非常缓慢,甚至可以忽略。

(5) 放射性衰变和生物降解

控制方程中一阶不可逆反应项$[-(\lambda_1\theta C+\lambda_2\rho_b\overline{C})]$,反映溶解项($C$)和吸附项($\overline{C}$)的质量损失。速率常数是以半衰期形式给出的:

$$\lambda=\frac{\ln 2}{t_{1/2}} \tag{2.32}$$

式中,$t_{1/2}$为放射性衰减或生物降解的半衰期(即浓度降低到起始值一半所需要的时间)。

对于放射性衰减,两项的反应速率是相等的。而对于生物降解,观测到有些反应只发生在溶解项。因此可能需要两个不同速率常数。不同的表面生物降解过程要比一阶不可逆反应复杂。

(6) 源和汇

控制方程中的源汇项q_sC_s描述的是:溶解物质通过源进入模拟区域,或是通过汇离开模拟区域。被视为内部源汇项的$q_s'C$,可以描述瞬态地下水储量的改变引起溶解物质储量的改变。这并没有引起物质离开或进入模型区域。

2.1.3　热量运移基本方程

饱和带多孔介质中热量运移的途径主要有:

(1) 对流作用通过液相输运热量;

(2) 传导作用通过液相和固相输运热量;

(3) 类似于物质运移中的机械弥散现象,由于局部流速不均一所造成的热量运移;

(4) 热量从固相运移到液相。如假设水和含水层骨架间的热动平衡瞬时出现,即含水层骨架和周围流动的水具有相同的温度,忽略上述最后一种运移方式,同时还忽略由于水温不同,水的密度有差异而造成的自然对流,根据热量守恒原理可得热动平衡方程为

$$C_a\frac{\partial T}{\partial t}=\mathrm{div}(\lambda^a\mathrm{grad}\,T)-\mathrm{div}(C_wTv) \tag{2.33}$$

式中,T为温度;C_a和C_w分别为多孔介质和水的热容量;$\lambda^a=\lambda^{ae}+\lambda^{av}$,为热动力弥散系数;$\lambda^{ae}$为介质的热传导系数;$\lambda^{av}$为热机械弥散系数;$t$为时间,$v$为渗流速度矢量。

2.1.4　定解条件

前面给出了方程,但它只能描述地下水流、溶质运移、热量运移等的一般规律,还无法确

定具体的运动状态。它有无数个可能的解,所以一般把它称为泛定方程。如果再附加一些条件,就能完全确定具体的运动状态。这些条件统称为定解条件。其中,表示开始时刻状况的附加条件称为初始条件;表示在边界上受到约束的情况,即研究对象所处外界状况的条件称为边界条件。给定了泛定方程或方程组(在区域 Ω 内)和相应定解条件的数学物理问题称为定解问题。

1. 边界条件

边界条件有三种形式。如果直接给出了未知函数 $u(x,y,z,t)$ 在边界 Γ_1 上的值:

$$u(x,y,z,t)\big|_{\Gamma_1} = \zeta_1(x,y,z,t), \quad (x,y,z) \in \Gamma_1 \tag{2.34}$$

式中, $\zeta_1(x,y,z,t)$ 为边界 Γ_1 上的已知函数。这种边界条件称为第一类边界条件。在实际地下水流问题中属于这类边界条件的情况有:若某一段边界 Γ_1 上水头随时间的变化规律 $\phi_1(x,y,z,t)$ 已知,则在此边界上有(这类边界条件又称为给定水头边界条件)

$$H(x,y,z,t)\big|_{\Gamma_1} = \phi_1(x,y,z,t), \quad (x,y,z) \in \Gamma_1 \tag{2.35}$$

又如在溶质运移问题中,若某段边界 s_1 上浓度的变化规律 $c_1(x,y,z,t)$ 已知,则此边界上有

$$c(x,y,z,t)\big|_{s_1} = c_1(x,y,z,t), \quad (x,y,z) \in s_1 \tag{2.36}$$

应注意上述给定水头的边界并不是定水头边界。后者意味着水头 ϕ_1 不随时间变化,是常数。这项边界条件意味着当内部水头比它低时,它就供给水,要多少就给多少。这种情况自然界极少可能见到,所以应慎用,以免造成很大的计算误差。

另一些情况下,并不直接给定边界 Γ_2 上的函数值,而是直接给定了函数沿边界外法线方向的导数值,即

$$\frac{\partial u}{\partial \boldsymbol{n}}\big|_{\Gamma_2} = \zeta_2(x,y,z,t), \quad (x,y,z) \in \Gamma_2 \tag{2.37}$$

式中, $\zeta_2(x,y,z,t)$ 为边界 Γ_2 上的已知函数; $\boldsymbol{n}$ 为边界 Γ_2 的外法线方向。这种边界条件称为第二类边界条件或给定流量边界条件。例如,在地下水问题中,若某一段边界 Γ_2 上单位面积(二维问题为单位宽度)上流入(流出时用负值)的侧向补给流量 $q_1(x,y,z,t)$ 或 $q_2(x,y,t)$ 已知时就属于这类边界条件,则此时对各向同性介质中的三维问题有

$$K\frac{\partial H}{\partial \boldsymbol{n}}\big|_{\Gamma_2} = q_1(x,y,z,t), \quad (x,y,z) \in \Gamma_2 \tag{2.38}$$

或对各向异性介质有

$$K_{xx}\frac{\partial H}{\partial x}\cos(\boldsymbol{n},x) + K_{yy}\frac{\partial H}{\partial y}\cos(\boldsymbol{n},y) + K_{zz}\frac{\partial H}{\partial z}\cos(\boldsymbol{n},z)\bigg|_{\Gamma_2} = q_1(x,y,z,t), \quad (x,y,z) \in \Gamma_2$$
$$\tag{2.39}$$

二维问题则有(各向同性介质)

$$T\frac{\partial H}{\partial \boldsymbol{n}}\bigg|_{\Gamma_2} = q_2(x,y,t), \quad (x,y) \in \Gamma_2 \tag{2.40}$$

隔水边界的侧向补给量 $q=0$。若为各向同性介质,则有

$$\frac{\partial H}{\partial \boldsymbol{n}}\bigg|_{\Gamma_2} = 0 \tag{2.41}$$

各向异性介质则有

$$K_n \frac{\partial H}{\partial \boldsymbol{n}}\bigg|_{\Gamma_2} = 0, \quad (x,y)\in\Gamma_2 \tag{2.42}$$

式中,K_n 为沿外法向的渗透系数。

溶质运移问题中第二类边界条件给定弥散通量 f_2,即已知

$$-D_{i,j}\frac{\partial c}{\partial x_j}\boldsymbol{n}_i\bigg|_{s_2} = f_2(x_i,t), \quad i=1,2,3; \quad (x_i)\in s_2 \tag{2.43}$$

对隔水边界有

$$-D_{i,j}\frac{\partial c}{\partial x_j}\boldsymbol{n}_i\bigg|_{s_2} = 0, \quad i=1,2,3; \quad (x_i)\in s_2 \tag{2.44}$$

式中,$\boldsymbol{n}_i=\cos(\boldsymbol{n},x_i)$,$i=1,2,3$ 为边界 s_2 上外法线方向单位矢量 $\boldsymbol{n}=(\boldsymbol{n}_1,\boldsymbol{n}_2,\boldsymbol{n}_3)$ 的分量。

还有一类边界条件,既不直接给定边界 Γ_3 上的函数值,也不直接给定边界上法向导数的数值,而是给定它们之间的某种线性关系

$$\left(au+\beta\frac{\partial u}{\partial \boldsymbol{n}}\right)\bigg|_{\Gamma_3} = \gamma(x,y,z,t), \quad (x,y,z)\in\Gamma_3 \tag{2.45}$$

这种边界条件称为第三类边界条件,a、β 为常数,γ 为边界 Γ_3 上的已知函数,$a\geqslant0,\beta\geqslant0,a+\beta>0$。当 $a=0,\beta=1,\gamma=0$ 时,就是通常的隔水边界;若 $a=0,\beta=1,\gamma\neq0$ 时就是通常的第二类边界条件。地下水流问题中有这样的边界条件

$$\frac{\partial H}{\partial \boldsymbol{n}}+aH=b \tag{2.46}$$

就是第三类边界条件,其中 a、b 为已知函数。应用于弱透水边界则表示为

$$K\frac{\partial H}{\partial \boldsymbol{n}}-\frac{H_n-H}{\sigma'}=0 \tag{2.47}$$

式中,H_n、H 分别为边界外侧和内侧研究区的水头;$\sigma'=\dfrac{m_1}{K_1}$;K_1、m_1 分别为弱透水层的渗透系数和厚度。

溶质运移问题中,第三类边界条件即已知溶质质量通量 f_3 的边界条件,一般表示为

$$\left(-D_{i,j}\frac{\partial c}{\partial x_j}+u_ic\right)\boldsymbol{n}_i\bigg|_{s_3} = f_3(x,y,z,t), \quad (x,y,z)\in s_3 \tag{2.48}$$

上述三类边界条件都是线性的,其中右端自由项等于零的边界条件又称齐次边界条件。由于整个边界 Γ 必须由边界条件来定义,各类边界条件必然有下列关系:$\Gamma=\Gamma_1+\Gamma_2+\Gamma_3$。

2. 初始条件

初始条件用以说明研究对象初始时刻的状态。对地下水流问题和物质输运问题来说,初始状态指的是所研究的物理量 u(水头、浓度、温度等)在选定的某个初始时刻(通常表示为

$t=0$)的分布情况(初始水头分布、初始浓度分布、初始温度分布等)。故初始条件可表示为

$$u(x,y,z,t)\big|_{t_0} = \phi_0(x,y,z) \tag{2.49}$$

式中,ϕ_0是研究区Ω上的已知函数。

初始时刻可视需要任意选定。不应把初始状态理解为地下水没有开采以前的原始状态或实际开始抽水的时刻。

稳定流问题不要求初始条件,只要求边界条件。非稳定流问题,不仅要给出边界条件,并且需要给出初始条件。

2.2 数值模拟方法的应用

2.2.1 有限差分法和有限元法的简介

1. 有限差分法的简介

有限差分法是一种古典的数值计算方法。随着电子计算机的产生与发展,它已广泛地应用于地下水流等问题的计算中。其基本思想是用渗流区内有限个离散点的集合代替连续的渗流区,在这些离散点上用差商近似地代替微商,将微分方程及其定解条件化为以未知函数在离散点上的近似值为未知量的代数方程(称为差分方程),然后求解差分方程,从而得到微分方程的解在离散点上的近似值。

2. 有限元法的简介

有限元法的基本思想是将结构离散化,用有限个容易分析的单元来表示复杂的对象,单元之间通过有限个节点相互连接,利用在每个单元上的分片函数来近似表示全研究域上待求的未知函数。因为单元的数目是有限的,节点的数目也是有限的,所以称为有限元法(Finite Element Method,FEM)。

一般来讲,有限元法求解微分方程通常比有限差分法更为灵活、有效,但有限元法的基本概念不像有限差分法那样直观和容易理解。

依据建立代数方程组的途径不同,建立有限元模型有不同的方法。迦辽金(Galerkin)有限元法是用得最多的一种方法。

伽辽金方法是由俄罗斯数学家鲍里斯·格里戈里耶维奇·伽辽金发明的一种数值分析方法。迦辽金有限单元法的基本思想是:从剩余加权法出发,利用剖分插值的方法,将数学模型的求解问题离散成常微分方程的求解问题,再利用差分方法把常微分方程离散成线性代数方程组的求解问题。

2.2.2　地下水数值模拟的基本步骤

1. 总体步骤

地下水数值模拟的总体工作步骤通常如下：

（1）明确模拟的目的，确定模拟类型，选择适当的模型（二维平面模型、二维剖面模型、准三维模型、三维模型）和相应的基本方程。

（2）根据计算地区的水文地质条件、解决问题的相关要求、源汇项情况等因素综合确定所要计算区的范围、边界性质、初始条件，建立相应的概念模型和数学模型。

（3）选择用于模拟的软件程序。不同的软件有不同的适用范围，按待解问题的具体情况进行适当的选择。

（4）将模型进行合理的离散化。所谓合理离散化是指在保证计算精度和计算稳定性的情况下的离散。

（5）建立坐标系统，标注节点号、节点坐标、单元编号及个数，有限差分网格一般标注格点/节点在行、列、层内的位置。有限元法则要对每个节点、每个单元依次进行编号，还要任选一个直角坐标系，定出所有节点的坐标值和组成每个单元的所有节点的节点号。一般软件程序可以实现自动处理和统计等工作。

（6）确定参数值和有关资料（包括水文地质参数、高程数据、边界条件、初始条件等），并整理和输入到相应的格点或节点、单元上。这些数据都要一一对应。

（7）运行程序，解模型所有模拟时段各节点/格点的目标参数值（如水头值或浓度值）。

（8）将模拟结果与实测数据进行比较，检查误差是否在允许范围内，如果不能满足要求，则需进行模型校正，直至误差足够小，获得满意的结果为止。这样就完成了模型的识别，从而初步确信模型能再现目标参数的真实状态。

（9）运用经过识别的模型和参数原封不动地用来预报另一时间段目标参数的状态，并与另一批实测资料对比，误差也在允许范围内，从而完成模型的检验。否则，需要重新校正并检验模型。

（10）考虑进行敏感度（灵敏度）分析。

（11）根据模拟目的进行模型预测，输出模拟结果。

2. 模型的建立及离散

（1）模型的建立

a. 明确模拟目的后，首要任务就是建立模型。真实的水文地质条件往往因过于复杂而无法给出合适的数学模型，因此，常常需要通过概化，建立起概念模型。概念模型是地下水系统的一种近似的形象化表示，便于对该地下水系统进行分析，建立数学模型，组织有关数据。虽然理论上，概念模型愈接近实际情况，数值模型就愈精确，可是一丝不差地再现野外地下水系统事实上是不可能的，简化是必要的。但它必须保持原系统的基本特征，即所有主要的水文地质条件，以便能成为原系统的替代物，充分再现原系统的特征。建立水文地质概

念模型,一般包括如下几个方面:

(a) 确定计算区范围

这一步很重要,因为它不仅影响计算工作量,更重要的是还影响数学模型建立得正确与否。应尽可能以相对完整的水文地质单元为数值模拟计算区,以便在计算中能正确地反映该地区的水文地质特征。所以应尽可能把地下水系统的天然水文地质边界作为模型边界。有时由于种种原因难以做到这点,只能根据计算区的地质、水文地质条件、计算问题的性质和要求、取水工程的类型、布局等因素合理地设置在容易确定流量或地下水位的人为边界处。

(b) 边界条件概化

根据含水层、隔水层的分布、地质构造和边界上的地下水流特征、地下水与地表水的水力联系等因素,可以将计算区侧向边界条件概化为给定地下水水位的第一类边界、给定侧向径流量的第二类边界或给定流量与水位关系的第三类边界;垂向边界条件可概化为有水量交换的边界条件和无水量交换的边界条件。

当利用平面二维模型时,只有切割了含水层的常年性河流或地表水体才可概化为第一类边界,未完全切穿含水层的河流,只有经过论证符合条件时,才可概化为第一类边界。

(c) 含水层系统结构概化

与按地质时代划分的地层不同,含水系统的分层是按介质(岩性)的透水性分为含水层、弱透水层与(相对)隔水层,三者之间的区分没有绝对的标准,视具体条件及研究的目标任务等而定。总体而言,寻找比较连续的黏性土层作为基准弱透水层,比较连续的砂性土层作为基准含水层。划分后含水系统的弱透水层内可能含有砂土透镜体,或者含水层内可能含有黏性土透镜体,它们可以用层内岩性分区解决。弱透水层内砂土透镜体的存在改变流场的作用比含水层内的黏性土透镜体更显著,在分层中适当注意此点。划分后含水系统的弱透水层内可能夹有薄层砂土层,或者含水层内可能夹有薄层黏性土层,对此可用"各向异性介质"来概化,以解决分层数过多的问题。第四系孔隙含水系统分层中应特别考虑岩相变化,从冲洪积扇到冲积平原,后者砂性土与黏性土交互频繁,而冲洪积扇中上部岩性相对单一,冲积平原的黏性土层向上延至冲洪积扇中上部通常会相变为砂性土层。这种情况的分层,层内岩性变化可以采用分区的方法解决,模拟结果能够反映流场应有的特征。因此,地质上的几个岩层可以组成一个含水岩组,地质上的一个岩层也可以分为几个含水层和相对隔水层。确定含水岩组时还要考虑研究区范围的大小、图件比例尺。如果范围大、比例尺小,就要把水文地质性质相近的相邻地层单位合并为一个含水岩组。

(d) 水力特征概化

一般情况下,地下水的运动是符合达西定律的,但对于岩溶含水系统,应论证其水流状态是否在达西定律的适用范围之内。

根据地下水流状态将区内地下水流概化为稳定或非稳定流、一维流、二维平面流或剖面流、准三维流或三维流等。

(e) 水文地质参数分区

根据室内试验、抽水试验或其他野外试验获取的水文地质参数,并结合地貌、岩性等特征,建立水文地质参数分区,对不同分区给定水文地质参数,并作为水量模型识别计算的初始值。在模型识别过程中,可对分区以及参数进行调整,但应与水文地质特征相符。

参数分区是必要的,但如果分区数多了,将给调参带来过多的工作量,会大大增加模型识别的时间。通过建立参数随埋藏深度的衰减关系,可以减少调参初期的参数个数。

b. 建立与水流模型有关的概念模型一般需要下列资料:

(a) 自然地理、地质资料:① 该地下水系统所在地区的地质图、剖面图、钻孔柱状图和地形图;② 潜水含水层底板、承压含水层与相对隔水层(弱透水层)顶、底板等高线图;③ 含水层厚度资料或等厚线图;④ 岩溶(喀斯特)发育规律和不同水平的岩溶率;⑤ 显示河流、湖泊沉积物范围、厚度的图件和资料。

(b) 水文地质资料:① 所有含水层的等水位线图和等水压线图,显示各含水层间水力联系,相对隔水层(弱透水层)缺失地段位置、范围的资料;② 地下水水头、地表水水位和流量的历时观测资料和观测孔、水文站的位置;③ 显示含水层、弱透水层渗透系数或导水系数以及贮水系数(或贮水率)分布的平面图、剖面图;④ 河流、湖泊沉积物的分布及其渗透系数的资料;⑤ 蒸发-蒸腾速率、地下水补给速率(或降水量、入渗补给系数)和地面水地下水交换速率的时(间)空(间)分布资料,抽(注)水井、矿井位置及其抽水流量的时空分布资料,地下水天然排泄流量时空分布资料;⑥ 取水工程、疏干工程的设计布局、设计流量或允许降深、疏干问题中需要疏干的范围、要求降深、疏干时间等。

c. 对于地下水污染等水质问题除了上述资料外还需要地下水、河/湖水和降水中溶质浓度的历时观测资料、弥散度、污染源等的资料。

(2) 模型的类型

根据模型的维数不同,常用的模型有二维平面模型、剖面模型、准三维模型和三维模型。

a. 二维平面模型

二维平面模型适用于研究承压含水层、潜水含水层、越流含水层等含水层。用于承压含水层时,需要给出每个单元或节点/格点上的导水系数和贮水系数值。如果是各向异性含水层,则 x 方向和 y 方向的导水系数是不同的。用于越流系统时,模型并不特别表示出弱透水层和供给越流水源的含水层,而是用在主含水层的方程中加一项越流项

$$-\frac{K_z}{m'}(H_z - H) \tag{2.50}$$

来表示。式中,K_z 和 m' 分别为弱透水层的垂向渗透系数和厚度;H 为主含水层的水头;H_z 为供水源含水层(或河流)的水头。越流系统的供水源可以是另一个承压含水层或潜水含水层或地表水体。模拟时通常假设这个水头 H_z 是不变的,如果发生变化,那就不能采用这类模型了,必须单独给作为供给水源的含水层建立方程。

二维平面模型用于潜水含水层时,要应用裘布依假设,假设在 z 方向水头没有变化,需要的数据有渗透系数、给水度、厚度和含水层底板标高。如果不用裘布依假设,则要用剖面

模型或三维模型。用于天然条件下可能出现,或在承压含水层中过量抽水后可能形成的承压—无压含水层时,上述各类数据均需准备。

b. 剖面模型

剖面模型用在垂向水流重要,三维模型又难以实现的场合。剖面模型常用来解释所研究的区域水流系统。剖面模型假设所有水流都和剖面平行并在该面上。所以标准的剖面模型如前述是无法模拟剖面中的点源/汇(即水井的),除非改用轴对称剖面。

作为首选,应考虑沿流线选取剖面。但这常常并不符合用户的意图,因为很多用户感兴趣的点并不在此,如观测孔不一定沿流线分布。但必须注意,如果剖面不沿流线选取,由于模型无法模拟与剖面成角度相交时的水流分量,必然会引起模拟结果有误差。这类误差还常常和别的由于模型和实际系统不完全一致所引起的误差搅和在一起,导致模型识别时发生错误,造成参数的错误选择,特别是渗透系数垂向各向异性比的选择。剖面方位选择不正确导致的识别错误可能重要也可能不那么重要,它取决于模拟的目的。但人们必须懂得由于剖面的方位和水流方向间有一个夹角或者部分地段有个夹角,可能对水头造成误差。

理论上讲,只有无限长的线源或线汇,如与剖面直角相交的沟渠才能用标准的剖面模型模拟,所以实际上这类模型用得很少,主要用在研究土坝渗漏或坝下渗漏上。点源和点汇因为是辐射流,所以无法模拟。但这类水流是对称的,在井的四周都有水流入或流出,因此可以截取整个水流系统的一部分,例如,幅角30°的一块流场所组成的岩体(高度可以取整个含水系统的厚度;岩性按实际选取,或一层或多层)构成对称模型进行模拟,井则位于轴坐标r=0处。需要注意的是,这时井流量只有实际流量的30/360或1/12。模型边界可以根据井的影响半径选取,边界条件可以采用零流量边界或给定水头边界。

在输入剖面模型前,首先要弄清楚贮水参数和补给量的数值是怎么得出的,然后根据需要再做必要调整。如降水补给和潜水位下降引起的释水都是以单位水平面积来衡量的,所以在区域模拟中每个网格的补给量以网格面积$\Delta x \Delta y$来计量。对于相当于把上述层状模型向上旋转90°后形成的剖面模型来说,该网格接受补给的水平面积只有$\Delta x b$(b为层厚),因此单位时间、单位面积的补给量(R_m)为

$$R_m = R\frac{\Delta x b}{\Delta x \Delta b} = R\frac{b}{\Delta y} \tag{2.51}$$

式中,R为现场实测的单位时间、单位面积的补给量。此时输入剖面模型的补给量值应是R_m,除非沿剖面方向采用三维模型。表征潜水位下降释水的给水度在上述剖面模型中也要做类似调整:

$$\mu_m = \mu\frac{b}{\Delta y} \tag{2.52}$$

式中,μ为给水度;μ_m为给水度在剖面模型中应输入的值。显然此值只能用在最上面一层网格。下面各层网格应采用贮水系数。由于此值较给水度小得多,剖面模型中往往视为零或接近零。

潜水面通常是剖面模型的上边界。若采用流量边界,给定补给和排泄速率,则潜水面的

位置在模拟开始时刻是未知的。在概念上潜水面的位置是解的一部分,模拟期间潜水面节点可以移动,以满足 $H(x, y)=z(x, y)$。虽然不同软件处理这个问题的方法不尽相同,但总的说来有限差分法在处理潜水面移动问题上不如有限单元法来得方便,如一般无法在需要时把潜水面向上移动到上面的干土层中。有限元法则通过把最上面几层节点设计成可移动的节点来解决。

c. 准三维模型

准三维模型可以用来模拟由多个含水层和弱透水层组成的含水系统。在这里和在二维平面模型一样,弱透水层的作用并不明显地表示出来,即不考虑弱透水层本身的弹性释水,只考虑弱透水层内的垂向流动,即上下含水层间由于存在水头差通过弱透水层发生的垂向水量交换。此时弱透水层的作用仅用代表两含水层间垂向水流运动的越流项来模拟。为此要求含水层和弱透水层的渗透系数差两个数量级或两个数量级以上,此时忽略弱透水层内水平运动给模拟目的层内水头造成的误差小于5%。如果两者渗透系数的差小于两个数量级,就不宜采用这类模型,应改用三维模型。准三维模型需要准备下列数据:上部潜水含水层的渗透系数、给水度和底板标高,下部各含水层的导水系数、贮水系数,弱透水层的垂向渗透系数和厚度。

d. 三维模型

三维模型能很好地刻画地下水的实际流动情况。二维剖面模型能反映垂向水流的运动情况,但应注意二维剖面模型无法刻画井的流量,因而无法在有井的情况下使用这种模型,从而大大限制了它的应用范围。当垂向水头梯度的变化重要时,潜水含水层要用剖面二维模型或三维模型来模拟,在这种情况下,潜水面和渗出面(如果存在的话)要作为边界的一部分。无论有限差分法还是有限元法都能模拟剖面上的含水层,但处理潜水面和渗出面的移动,有限元法要比有限差分法容易得多。需要考虑弱透水层释水时,则要用三维模型。三维模型需要的数据除了必须给出每层的参数外,基本上和二维平面模型相似,即各层的顶、底板高程,渗透系数与贮水率。但要注意一些数据如水头应该是三维的,即需要有同一地点不同深度的水头观测资料。剖面模型需要的数据和三维模型类似。

具体选用哪种模型要综合考虑所研究问题的性质、具体模拟要求、当地地质、水文地质条件及所掌握的数据资料,特别是长期观测资料以及模拟经费和时间。能用二维平面模型解决,满足模拟要求的问题千万不要贸然采用三维模型,因为后者不仅需要大量的三维观测数据(水头、浓度等)和资料,一般难以满足,而且工作量大,耗费的机时和经费多,如果没有足够的资料,模拟结果很可能不理想。至于一般的地下水资源评价问题用二维平面模型或准三维模型就足够了。

(3) 模型的离散化

在一定的精度要求下,把复杂的研究区域分(离散)成有限个规则单元的集合体,每个单元上的各种参数可以近似为常量,这个过程称为离散化。离散化后,整体的计算问题便等同于有限个单元组合体的计算。地下水数值模拟模型通过建立数学模型,利用离散化方法对模型进行计算。在数值模拟中,连续的研究区将被节点和有关的有限差分网格或有限个单元组成的离散域所代替。选择什么样的模型将决定网格的维数,选择何种数值方法(有限差分法或有限元法等)将决定网格的结构。

a. 网格的结构类型

有限差分法有两种网格:节点法和格点法。两者差别只在于对第二类边界条件的处理上。网格布置时,由于边界形状不规则会使一部分节点位于边界以外,成为界外节点。这些界外节点也要占用内存,所以应使这类节点尽可能地少。采用节点法时,应小心地使节点直接落在边界上。采用格点法时,则应使第二类边界位于网格边上,第一类边界位于格点上。如 MODFLOW 软件用的就是格点法。有限元法在网格设计上允许有更大的灵活性。所用基函数的性质决定了单元是线性的,或二次的、三次的。通常采用线性单元。FEFLOW 软件可以混合采用三角形和四边形单元。

b. 层的模拟

对于三维流模型,有限元法的节点通常设在层界面(含潜水面)处,有限差分法的格点可以设在层界面(含潜水面)处,也可以设在层的中点处(潜水面与差分均衡网格线/面相吻合),但两种设置其含水层参数的设定方法不同。对于后者,潜水面处无格点设置,其高程可通过外推法或直接近似取本层中格点的水头值(当层厚不大时);对于前者,潜水面处、弱透水层顶底面及隔水底面处均要设格/节点,因此该法精度较高,但要多设一层格/节点。

c. 网格定向

有限元法能较精确地反映边界的形状。有限差分法经过特殊处理后虽然也能模拟复杂的不规则边界,但一般商用软件并不包含这些方法。因此有限元法更有优势,它比有限差分法软件更方便。在选取边界时,注意使之远离影响区,特别是抽水中心,以便抽水的影响达不到所选定的边界,这样做会降低模拟结果的误差。

d. 网格大小

节点距(格点距)Δx、Δy 的选取是网格设计中的一个关键步骤。它是所模拟区域潜水面或侧压水面曲率的函数,曲率变化大的地方宜用小的格/节点距。在水头变化大的地方或水头分布需要了解比较详细的部位,节点距要小一些,对有限元法来说,单元要划分得小一些、密一些;对于那些水头变化比较平稳的地方或次要的部位,单元可以划分得大一些、稀一些。但要注意,相邻节点距或单元的大小不能相差悬殊,要逐渐过渡。与此相似,垂向上水头的变化将影响垂向节点距的选取。采用直边单元时,弯曲的边界如岩性分界面将近似地表示成折线,这条折线是由与该边界相邻单元的边组成的。显然,曲率大的边界单元应划分得密一些,以便能尽可能好地逼近弯曲的边界。

单元的形状也是影响有限元解的一个重要因素。数学上要求这些单元是正则单元,即一个单元各边的长度不能相差太多;整个计算区域上,单元大小只能均匀地变化,$\partial l / \partial x_i < \varepsilon$。式中,$l$ 为单元边的长度;x_i 为空间坐标;ε 为适当小的数。根据正则单元的要求,对于均质介质来说,如果各个方向上的水力坡度大致相同,则每个单元的边长比值越接近 1,解就越接近真实情况。也就是说对三角形网格如采用等边三角形,数值误差会最小。如某单元的最大、最小边长比值过大,在该单元附近,水头的真实状态就难以在计算结果中正确地反映出来。

因此,一般应避免采用狭长的单元,尽可能使每个单元各处的长度大致相仿。有研究表明,边长比值宜小于3。在处理各向异性介质时,还应考虑坐标变换后在等效各向同性区中单元细长比值小于3。

此外,单元虽可任意剖分,但根据正则单元的要求,不允许画成图2.1(a)和(b)的式样,造成待求函数在点1、点2附近不连续,应改画成图2.1(c)、(d)或(e)的式样。观测孔应布置在节点上,这样提供的水头、浓度值进行校核都比较方便、精确。抽水井也应尽可能地放置在节点上。

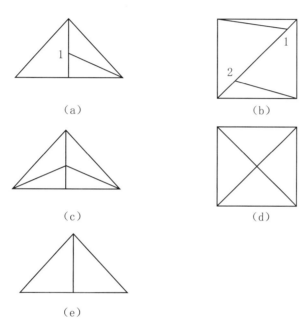

（a） （b）

（c） （d）

（e）

图2.1　单元剖分示意图

选取节点距时要考虑的第二个因素是含水层性质的变化。模拟目的层一般和含水岩组是一致的。但如果垂向水力坡度很大时,则往往需要用不止一个模拟目的层来代表一个含水岩组。具体划分网格或单元时,应注意使每一个网格或单元内的水文地质情况相对比较均一。为此,在具体划分时要考虑断层位置、含水层岩性变化的分界线、顶底板等高线分布疏密的情况、存在越流或天窗补给地段的范围、有入渗或蒸发地段的界限等,以便使每个单元中的参数有较好的代表性。显然,点、线、面元的位置应放在几何形状、水文地质条件有突变的地方。如在透水性、厚度有突变的部位,除了单元要适当地划分得小一些外,还应把岩性分界线、厚度变化大的分界线作为单元的天然分割线。隔水岩脉、水利工程中的钢板桩、矿山堵水水泥灌浆、化学灌浆地段均应作为单元的天然分割线。同理,断层线、越流区边界、有入渗或蒸发地段等的边界均应作为单元的天然分割线。总之,在一般有限元法中一个单元不应骑跨两种性质不同的介质、让这些分界线穿过单元。有限差分法实行起来虽然没有有限元法方便,但也应近似地使这些分割线与网格线一致。具体剖分时,还要注意两个抽水井之间,地下水位必然有隆起的分水岭。最好把这些分水岭作为单元的天然分割线。如事先估计位置有困难,在两井之间的适当位置至少应布置一个节点,绝不允许两个井直接用直线相连,把两口井作为同一个单元的两个节点来处理,因为这样就会把两井间的分水岭给人为削平了。此外,还应考虑区域补给量、抽水量以及补给或排泄到河流的量。对河流、抽水点需要用较小的网格距表示。整个模拟区的大小也会影响节点距的选取。一般说来,为了精确地代表所研究的系统采用小的节点距,即大量的节点是必要的,但这会增大数据处理量,增加计算时间以及计算机内存。于是需要在精度和实用之间达成一定平衡。一种在节点总数和所需详细程度之间取得平衡的方法是采用套叠式网格。粗网格用来模拟整个大区含水系统,其解用来定义该区内部较小的需要详细研究的亚区边界。这种套叠可以不止一次地进行直至小到能够得到所要求的详细程度。最后需要指出的是由于计算中存在误差,实测数据的精度有限,Δx、Δy 取值过小时精度不一定提高,反而会使误差增大。

e. 参数赋值

把实测数据转移到网格上首先要考虑参数值与模型的尺寸、性质是否匹配。如剖面二维和三维模型理论上需要渗透系数在点上的测量值,二维区域模型和准三维模型需要的是渗透系数在垂向上的平均值,它们可以直接从完整井抽水试验或间接从点上的测量值加以平均得到。在野外数据和模型尺寸、性质一致的情况下,就可以把和含水层性质有关的一些数据赋值给已在概念模型中经过考核的含水岩组了。为此要根据含水岩组岩性的分布情况进行参数分区,分成若干个区,每个区具有相同的参数值。对导水系数、贮水系数等可以分别进行分区。两者分区并不要求一致。为了保证模型识别时能对各区参数进行有效识别,每一个区内至少有一个观测孔,还需要输入每个节点的顶底板标高或含水层厚度。

在有限差分模型中,格点法是把含水层性质、源汇项等都赋值给格点所在的单元/网格(图2.2(c));节点法则把它们赋值给节点所在的影响区(图2.2(b))。所以计算所得的每一个结格/点的水头值实质上是单元/网格或影响区水头的平均值。

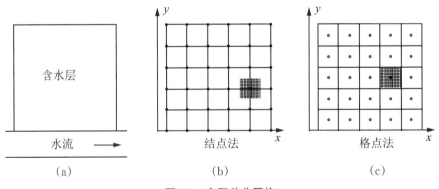

图2.2　有限差分网格

在有限元模型中,有关含水层性质的数据既可以赋值给节点,也可以赋值给单元,不同的软件可能采用不同的方式,也有两者兼而有之,由用户选定。采用线性三角形单元时,赋值给节点更方便些,因为在这种网格中节点数总是比单元数少。但当含水层性质急剧变化时,参数赋值给单元更好。此外,对一般有限元法来说,两种类型多孔介质的分界线应和单元边一致。

现有模型的剖分尺度基本都小于研究区能够提供岩性参数的尺度。通常平面上数千个格/节点的模型,一般能提供的地质孔只有数十个至数百个;水文地质试验获取参数的控制面积比研究区的面积一般会更小。因此通常情况下,每个节点、每个单元的赋值,一般采用研究区内测量数据的插值来满足要求。常用的插值方法有Kriging法、线性插值等。Kriging法是一种统计插值法,这种方法和其他方法不同的地方在于它考虑了变量的空间结构,并以该值的标准均方差形式提供一种插值误差估计。当给定参数值的可能范围较模型识别重要时,就需要这样的估计。

3. 边界条件设置

（1）边界的选择

在模型设计中,正确选择边界条件是极其关键的一步。稳定流模拟中,边界条件基本上决定了水流类型。当水位下降或浓度的变化影响到边界时,边界条件会影响到非稳定流问题的解。因此必须正确选择边界以使模拟效果逼真。边界条件处理不当往往会导致模拟结果出现严重错误。

选择边界类型时,模拟者应保证边界条件符合实际情况。如条件允许尽量用天然边界,因为它反映水流系统的稳定特征,为此通常取隔水层为模型的下边界。所谓隔水或不透水是相对的。如无特殊要求,一般模拟中渗透系数差两个数量级就可以近似地视为隔水的。渗透系数的这种差别导致流线折射,在渗透系数相对高的层中,水流基本上是水平的,在渗透系数较低的层中,水流基本上是垂直的。如果越过边界的水力坡度小的话,从渗透系数高的层流出的水流就可以忽略,边界可以作为隔水层处理。如果越过边界的水流量较大,又必须考虑的话,有两种处理方法:若知道通过边界的流量或边界水头,则可作为给定流量或给定水头的边界处理;否则,需要依次向外去找渗透系数更小的岩层,直至发现可以作为隔水边界处理的岩层为止。完全切穿含水层的地表水体,如果河底没有黏土类沉积物,则可作为给定水头边界处理;有黏土类沉积物覆盖的河/湖底很可能会阻隔地表水和地下水的水力联系,需要密切注意并通过试验或长期观测资料加以检验,如贸然作为给定水头边界处理,会出现严重错误。在隔水岩层处含水层尖灭就是天然的零流量边界。隔水断层带和某些海岸带含水层中的咸淡水界面也是理想的零流量边界。

如果研究区远离天然边界,若仍要求设计中的网格包含天然边界就会有困难甚至不可能。这种情况下,一种可能的方案就是找出紧邻研究区的区域地下水分水岭,作为零流量边界处理。地形上的高地附近一般有地下分水岭,在没有切穿含水层的地表水体下面也会有地下分水岭。虽然人为边界一般不是稳定的,但区域地下分水岭比其他人为边界要更持久些。

需要注意,稳定流问题全部采用给定流量边界条件在水文地质上似乎说得通,但在数学上由于方程以水头的导数形式表示,若边界条件也以导数给定,解将不唯一,故应避免全部采用第二类边界条件。稳定流问题为了给模型一个参考高程,以便根据它去计算其余的水头值,至少要有一个给定水头的边界节点。非稳定流问题由于初始条件提供了水头解的参考高程,所以全部采用给定流量边界条件对一般问题来说已经证明是可行的。

如果不可能采用天然边界或区域地下分水岭,那就需要选择别的边界。有时水流系统形状的信息可以帮助我们选定边界。但选择这样的边界必须非常小心地从概念上和数值上去证明这类模型边界不会导致解和实际动态有很大不同。而且在模拟结果写报告时还要尽可能去检验区域水流系统的边界,即使它们远离研究区并不在模型内也要尽可能这样做,以便进一步检验模拟结果是否符合实际水流状态。

选择和区域边界不一致的"边界",一般有以下两类:

① "远"边界

在非稳定流模拟中,可以选择远离网格中心的任意地方作为边界,只要在模拟阶段外部影响如抽水、注水的影响到不了选定的边界。也就是说选定边界附近的水头、浓度或通量在模拟期间不会发生变化,对抽水来说,要求在抽水造成的降落漏斗到达边界前模拟结束。解析解可以帮助我们估计降落漏斗影响到边界的时间。

② 人为边界

和区域边界不一致的人为边界可以定义一个较小的模拟域。它可以是给定水头边界、隔水边界或给定流量边界。定义这类人为边界时要求满足从边界内水井抽水时,不会影响到人为边界处的等水头线和流量。这样来定义人为边界虽然从理论上讲是可以的,但因为这样的人为边界很不稳定,随时都有可能变化,水流状况一发生改变,零流量边界就变为有流量通过的"边界"了。一般情况下应尽量不要采用这种人为边界,改用天然边界,模拟由天然边界组成的区域水流系统为好,虽然范围大一些。在有足够数量长期观测孔(有长期观测资料)的地区,在难以采用天然边界的情况下可以利用这些观测孔围成的界面作为人为边界,这类边界在识别、检验阶段可以利用长期观测资料作为一类边界,但在预报时就有困难了,一种办法是改为二类边界(假设流量前后没有大的变化)。

模拟坝下渗流,由于坝下含水层可以沿河分布很远,模拟区长度有限,侧向边界只能取基本垂直的流线作为零流量人为边界来处理。经验证明零流量流线沿河距离,对各向同性介质来说,至少应取含水层厚度(坝下水流系统深度)的三倍距离;对各向异性介质来说,应取含水层厚度的 $3\left(\dfrac{K_{xx}}{k_{zz}}\right)^{\frac{1}{2}}$ 倍距离。

(2) 边界模拟

第一类边界在有关的边界节点上要给出已知的水头值。边界是河流时,沿边界的水头在空间、时间上都是变化的,沿湖泊、水库边界的水头是时间的函数。在二维区域模拟中,第一类边界节点应代表完全切穿的地表水体或由长期观测孔组成的人为边界上含水层内水头的垂向平均值,即观测孔观测到的值或由它们插值得到的值。如前述把河流处理成给定水头边界要特别小心,因为这类边界意味着有一个极其丰富的、"用不尽的"水源。至于定水头边界就更要慎用,因为这种需要多少水就能补给多少水的情况在自然界是极少可能出现的。

给定流量的第二类边界可以用来描述流入地表水体、泉或地下径流的流量,从模拟地质体下伏基岩、侧向基岩体流入或流出的渗流。这类边界也可用于人为边界,后者需要由区域水流系统的资料来定义。由于测量水头要比测量流量来得容易,加上第一类边界条件有助于识别,有可能选择第一类边界条件的情况会多于选择第二类边界条件的。但有些情况,选择第二类边界条件却更为有利,如有些情况下沿边界的水头在模拟期间可能会变化,但流入模拟地质体的流量很可能没有多大变化,可视为不变。有研究发现在区域模型中模拟河流,如用第一类边界条件计算沿河流的水头时,误差大,因而计算河流与含水层间的流量时误差也大。这种误差是由在河流附近和其他地方一样仍然采用粗网格造成的。此外,第一类边界周围用粗节点距表示排水渠时也存在类似问题。但如用给定流量的第二类边界条件表示河流、水渠,用粗网格却能获得比较好的结果。

在有限差分模型中,常用抽、注水井以给定的速率抽、注水来模拟第二类边界。其中流入的水流处理为"放进"单元体的水体积,水进入单元体顶理解为水的补给,进入单元体侧边理解为地下径流。流量则假设均匀分布在单元体的面上。有限元模型则把整个流量分配到相应边界段各两两节点间的小段边界上,然后再把由程序计算所得的每段流量重新分配给相应的节点。

零流量边界用来表示隔水基岩、隔水断层、地下分水岭、流线等,也可近似地用来表示海岸带含水层中的咸淡水界面。在格点(有限差分)法中,用紧靠边界的界外单元导水系数或渗透系数为零来模拟零流量边界。有限元模型则只需令流量为零就可以了。

第三类边界条件中跨越这类边界的流量取决于边界两侧的水头差。两种数值法对这类边界的处理基本上相似,只是有限元模型把流量放在节点上,有限差分模型则在单元上计算流量。地下水补给河流、湖泊、水库或者河流、湖泊、水库补给地下水都可用第三类边界条件模拟。越流量可用下式计算:

$$w = \frac{Q}{A} = \frac{K_z}{m'}(H_R - H) \tag{2.53}$$

式中,Q 为发生越流的流量;A 为发生越流的单元面积;H_R 为河流、水库等水源的水位;H 为附近含水层中的地下水水头;K_z 为把含水层和补给源分割开来的界面(如河底沉积物)的垂向渗透系数;m' 为界面厚度。其中,K_z、m'、H_R 由用户根据有关资料给出。H 则为当前模型计算值,用它来计算越流量。地下水面上水分蒸散发(水分蒸发和蒸腾总量)也可以用第三类边界条件表示。排水渠也可处理成第三类边界。当含水层中水位始终高于排水渠时,排水渠也可处理为给定水头的节点。

潜水面和渗出面、泉这类边界需要特别注意。在剖面问题和三维模拟中,潜水面是边界的一部分,还要满足边界条件:

$$H(x, y) = z(x, y) \tag{2.54}$$

然而它的位置无法预知,H 在这里是模型的待求函数,在非稳定流问题中它还是移动的。处理这类边界按照下列方法来处理:顶部的几层有限元网格设计得可以移动,以便适应边界条件和潜水面随时间的变化。通过几次迭代就可以确定潜水面的位置了。

泉通常用排水节点来模拟。当潜水面降到排水高程以下时,排水点就不再有水流出了。由于泉流量和喷出高度有关,对于有一定喷出高度自流溢出的泉在非稳定流模型的预报阶段只能用一些近似方法来预测。渗出面在有限元法中也是比较容易处理的。网格顶部节点要设计得可以随潜水面和渗出面的变化移动,通过迭代法可以方便地求得潜水面的高程,顶部节点就位于潜水面或渗出面上,并满足边界条件。

内部边界同样也可以用前面讲的方法处理。研究区内部的河流有时可作为第一类边界条件处理,需要注意在二维区域模拟中,使用给定水头的节点就意味着那是一条完整穿透含水层的地表水体。如内部有突起的隔水岩石,含水层缺失可以令缺失区相应单元的渗透系数或导水系数为零来处理。内部的隔水断层可以令断层所在节点(当采用把有关参数值赋值给节点时)的渗透系数或导水系数为零。

4. 源与汇

水可以通过边界进入或流出一个模型,也可以通过内部的源或汇进入或流出一个模型。虽然有的软件用沿边界分布的抽水井或注水井来模拟第二类边界条件,但不能把两者混淆起来,因为内部的源和汇不同于边界条件。给定水头的节点被用来表示第一类边界条件,但给定水头的节点也可以放在研究域内部用来代表湖、排水渠或其他形式的内部源和汇。

(1)抽水井和注水井

抽、注水井是点汇或点源,在模型中用节点表示,并给予一定的流量。注意在准三维模型和二维区域模型中,节点代表着整个厚度的含水层。因此,这里含有一个假设,即井是完整井,它穿透整个含水层。在剖面模型中模拟抽水、注水有困难,因为在传统的剖面模型中不可能表示径向流。

在有限差分模型中,结/格点代表着一定的有限差分均衡区。因此,一个点源或点汇表示的是包含该点源或点汇的均衡区所代表的含水层体积上水的注入或抽出。为了更精确地表示点汇的影响,选用环绕抽水节点的小影响区为好。如果影响区小到像实际井径差不多大,影响区上的平均水头就几乎可以等同于节点的水头。但实际问题剖分的网格通常都比较大,难以实现上述愿望。由于模型是从整个影响区上而不是从节点上注入或抽出水,有限差分模型就不可能精确地模拟井附近的水力坡度。模型计算出的水头只是代表整个影响区上的平均水头,而不是井中水头,所以和井里的实际水头比,误差比较大。但远离点源或点汇处计算所得水头还是正确的。

在这种情况下如何来估计井内水头呢?可以利用 Thiem 公式来近似确定。这时把模型计算得到的水头想象为离井点一定距离(r_e)处的水头,对于稳定流二维或准三维问题来说可直接应用 Thiem 公式来估算完整井内的水头。对于无压水流,计算井中水位的相应公式为

$$h_w = \sqrt{H_{i,j}^2 - \frac{Q}{\pi K} \ln\left(\frac{r_e}{r_w}\right)} \tag{2.55}$$

在二维模拟中,不完整井的影响一般忽略不计,因为这种影响仅限于 $1.5(K_{xx}/K_{yy})$ 倍含水层厚度的半径范围内。此外,由有限差分网格近似地模拟井所引入的误差及其他与离散有关的误差一般会超过忽略井的不完整性所造成的误差。在三维模型中,可以直接模拟由不完整程度和过滤器放置位置所造成的影响。

在有限元模型中,如果井放在节点上,那抽/注水流量就可直接加在节点上。如果点源

或点汇不在节点上,则按基函数把流量分配到井所在单元的各个节点上。不论哪种情况,水都是从节点而不是从井周围的影响区抽出的。因此,有限元模型能够较有限差分模型更精确地模拟点源和点汇。有限元法是直接计算抽/注水井中的水头,所以也就完全没有必要再像有限差分法那样用校正公式了。

（2）潜水面

通过潜水面的水流量有两种办法处理,如果潜水面计算时用了Dupuit假设,则作为内部源汇项处理,否则作为边界条件处理。不论哪一种情况,都必须输入相应的流量值。

会成为地下水系统一部分的地下水补给量取决于单位时间内通过潜水面入渗水的体积。排泄量取决于向上运移通过潜水面,并直接在地表排泄或进入非饱和带的地下水量。还没有一种估计地下水补给量好的通用方法。虽然人们提出了很多方法,但大部分方法的效果都相当有限。由于至今还缺少量化补给量和排泄量空间分布的好方法,只能采用传统办法,假设通过潜水面的补给速率在空间上是均匀的并等于年平均降水量的某一个百分数。显然在大范围内这个补给速率不可能到处一致,于是只能采用入渗补给系数分区给定的办法来加以弥补解决。不同区的入渗补给系数和补给速率可以不同,同个区内则是相同的。入渗补给系数在识别时一般需要调整。需要注意的是,入渗补给系数并不等同于土壤学、陆地水文学等学科中的入渗系数或入渗率,后者只代表通过地表进入土壤从而变为土壤水的通量。因为一部分入渗的水被土粒吸附、被植物吸收、有的又被蒸发了,能到达潜水面并补给地下水的只是其中的一部分,所以入渗系数和入渗补给系数是两个完全不同的概念。只有后者才代表真正能补给地下水的那部分通量。

包括整个饱和/非饱和带的模型可以用来模拟入渗补给到潜水面的过程,模拟潜水面对补给的反应。这类模型的优点是两个带间的流场是连续的;缺点是这类模型包含非饱和带,将引入可观的新的复杂因素。所以一般不用这类非饱和带模型,除非有足够的、其他的理由能证明所增加的这些复杂因素不仅必要而且是容易解决的。

在有限差分模型中,通过潜水面的流量相当于单位时间通过网格顶面的水体积,模型中或单独设立一个数组来表示这项补给,或以注水井来模拟补给。三维模拟当潜水面位于模型的顶层时,补给是很容易处理的。顶层设计为潜水面,此层就给予适当的补给量。如潜水面穿越不同的层,就要用别的方法了。一种办法是在每个潜水面格点上放置一口注水井。有限差分模型并不去检查在潜水面上是不是满足$H=z$,因此可能出问题。例如,用户给定了整个模拟期间潜水面的位置,模型将连续给那些设计的潜水面格点以补给量,即使由此已引起水头超过该层的顶面标高也可继续给。有的软件也只是部分处理了这项困难,好的软件应有这样的功能,能自动让升高的潜水面升到上面原来无水的干土层中。

大部分有限元模型把这类面源的补给分配到单元上,而把点源和点汇分配给节点。当然在程序中这些面源和面汇最终在形成代数方程组时还是要分配到相应的节点上的。为了满足潜水面边界条件$H=z$,三维模型和二维剖面模型的最上部几排节点应设计成可以移动的,通过顶部单元的变形使潜水面节点满足$H=z$。

（3）越流

取决于含水层和位于它上/下另一个供水源(可以是潜水含水层、承压含水层、河流或湖泊)间的相对水头差,越流可以流入也可以流出该含水层。当模拟期间含水层的水头变化了,越流的方向和水量也会随之改变。在二维区域模拟中,越流用越流项表示。对于部分被切割的河流、湖泊来说,也可以很方便地用越流项表示。此时水源并不一定要在网格中表示出来,不管水流出(含水层水头大于供水源水头时)或流入(相反时)的模型,越流量

$$Q = -K_z \frac{H_R - H}{m'} bl \tag{2.56}$$

式中,b和l分别为水源的宽度和长度,其余符号同前。

越流量必须转换成区域越流速率L后才加到影响区上(有限差分法)。供水源如河流的宽度可能较网格或单元窄,此时区域越流速率调整为

$$Q = L\Delta x \Delta y \tag{2.57}$$

每个网格内的情况可能不同,所以每段河流都要输入相应的b和l值进行调整。

5. 解非稳定流的要点

解非稳定流问题需要提供初始条件,为此要给出模拟开始时刻含水层中的水头(或浓度、温度)分布,可以通过观测孔的观测资料和必要的插值得到。此外还需要给定贮水系数或贮水率等资料与模拟的时段。非稳定流模拟会得出一组水头(或浓度、温度)数据。

(1) 贮水系数

非稳定流问题需要给定描述含水层贮水或释水能力的参数,它是贮水率S_s、贮水系数S、给水度μ中的一个,视情况选定。在模拟中通常一个网格/单元或影响区(或节点)给定一个值,但在同一参数分区内,值是相同的。在二维区域模拟和准三维模拟中,无法表示起圈闭作用的弱透水层,一般不考虑它们的贮水性,通过它们的水流则由越流项$(L_{i,j,k})_T$表示。非稳定流条件下相应的表达式:

$$(L_{i,j,k})_T = (K_z)_{i,j} \frac{(H_R)_{i,j,k} - H_{i,j,k}}{m'_{i,j}} + \left[(H_{i,j,k})_0 - H_{i,j,k}\right] \times \frac{(K_z)_{i,j}}{\left(\frac{\pi}{3} t_D\right)^{\frac{1}{2}} m'_{i,j}} \left[1 + 2\sum_{n=1}^{\infty} \exp\left(\frac{-n^2}{t_D}\right)\right]$$

$$t_D = \frac{t(K_z)_{i,j}}{m'^2_{i,j}(S_s)_{i,j}} \tag{2.58}$$

式中,$(H_{i,j,k})_0$为抽水开始时刻含水层的水头;S_s为弱透水层的贮水率;K_z为弱透水层的垂向渗透系数;m'为弱透水层的厚度;t_D为无量纲时间。

(2) 初始条件

初始条件为某一个选定的初始时刻渗流区内的水头分布(对水流问题而言)。初始时刻一般理解为按照需要任意选定的某一个瞬间,但并不一定是实际开始抽水的时刻。水头可以从这个时刻的水头等值线图上读出来,或利用这个时刻各观测孔的实测水头用插值或拟合的方法得出来。两种稳态解可以作为初始条件,即静止稳态解和动态平均稳态解。在静止稳态解条件下,整个研究域没有水流入,水头是常数。这种解适用于只需要计算抽水引起

降深的模拟,但要注意静止稳态条件不能体现区域性水力坡降形成的区域地下水流,所以它不适合这类模拟。

动态稳定流条件下,流入系统的水流等于流出的水流,水头在空间上随地而异。通常把这种动态平均稳态解作为非稳定流问题的初始条件。具体操作时,我们选择一个水位相对稳定的时期作为初始时刻,输入边界条件,运用所建模型求它的稳态解(稳定流模拟和非稳定流模拟程序并不需要做大的改动,只要在开始时即第一步计算时令贮水系数或贮水率为零即可)作为下一步非稳定流模拟的初始条件。为了提高模拟精度,所有观测孔(包括区域边界上的和区域内部留作模型识别、检验用的观测孔)的观测资料都作为边界条件予以输入。在源程序上直接利用稳态解作为初始条件既可避免观测资料少所造成的插值困难,又减少了输入初始水头值的工作量,避免由此可能带来的疏忽和误差,而且由于动态稳态解(稳定流水流方程)中水头是满足二阶导数的,显然它的精度要高于一般的线性插值。

事实上,初始条件的影响随着模拟的进行会逐渐消失,只要有足够的模拟时间,由挑选初始条件不当引起的误差会越来越小,直至可以忽略。经验证明初始条件的影响一般经历5~6时间步长后就差不多可以忽略了。

(3) 边界条件

很多情况下不可能选择天然边界作为模型边界,往往只能采用人为边界,这时外部施加的影响如抽水、注水会不会影响到边界就成为人们关心的问题。如果外部施加的影响能够影响到模型的边界,那么那里的水头或流量就会发生变化,导致地下分水岭移动,这时的解就会和边界不受影响时的解完全不一样。

为了模拟抽水的影响可以采用远离抽水中心的零流量边界,可以采用降深来模拟,因为这时关心的是抽水引起的水位变化而不是水头绝对值。在抽水影响到达边界以前,这种采用降深的模拟一直是有效的。

(4) 时间的离散

时间步长的选择和空间步长的选择一样是模型设计的一个关键步骤,因为两者都会影响模拟结果。用小的节点间距和小的时间步长是客观的需要,以便数值模拟更好地近似有关的偏微分方程。

时间步长的选取也受特定规则的影响,如溶质运移方程会碰到数值弥散问题,非饱和带水流方程也会碰到类似困难,导致计算结果出现不合理的振荡。减少时间步长通常能防止数值振荡。地下水流模拟一般不会有数值振荡等问题,不过经验证明,最好先采用几个不同的时间步长试运算,然后选用对解不会产生明显改变的最大时间步长作为未来正式计算的步长。

虽然采用小的时间步长以便获得精确的解是人们的理想,但实际上采用特别小的时间步长是不可能的。在这种情况下,怎么来确定初始时间步长的量级呢? 显然,控制方程显式差分格式所允许的最大时间步长就是初始时间步长的一种好的量级。这个时间步长有时称为临界时间步长 Δt_c。

解对由外部施加影响所导致的水位急剧变化很敏感,为了能捕捉到系统对此的早期反应,根据 Δt_c 的量级选用时间步长就显得很重要,即使模拟者只对以后的解感兴趣,较好的办法是随着模拟的进行逐步增大时间步长。具体做法是若一开始就抽水,可以逐步增大时间步长,当有新的外部影响(如抽水)对含水层施加影响时再立即减少步长。

时间步长通常采用公比为1.2~1.5的几何级数增加。

6. 模型的运行与结果评价

（1）模型初步运行与容许误差

以上步骤完成好后,按软件程序的操作要求输入相关数据,接着运行模型,最后输出结果并进行解释。

模拟结果包含离散误差和舍入误差。由空间和时间离散引起的误差应在识别的早期进行独立评估。节点空间距大小对解的影响通过改变网格或单元大小和运行模型来确定。由于改变有限差分网格的大小比较困难,在有限差分模型中很少这样做。改变有限元法中单元大小则要容易得多,因为它不涉及整个有限元网格的重新设计。时间离散对模拟结果的影响通过连续用较小的时间步长运算,考核其对模拟结果的影响来检查。某些解法为了保证得到一个稳定的解,对时间步长的大小有限制。超过了这个限制,累计的舍入误差将增大,甚至导致数值不稳定。

代数方程组的求解可以直接求解,也可以间接用迭代法求解,或以上两种方法的结合。用了迭代法,就会有另一种称为(迭代)残差的误差。此时用户要给定一个容许(允许)误差作为判定收敛的标准。倘若选定的节点间距和时间步长已使离散误差最小,并避免出现不稳定,则迭代次数愈多,解就愈接近精确解。容许误差的选定控制了残差的大小并影响解达到给定的容许误差所需的迭代次数。当两次迭代间解(如水头)的改变小于用户给定的容许误差时,迭代就终止了。选定适当小的容许误差可以减少残差。

以水流问题求解为例,容许误差值取决于用来计算各次迭代之间解(即水头)变化的方法。常用每个节点连续各次迭代间水头值的变化来计算。具体应用时常用水头间的最大差值的绝对值作为衡量残差的大小,并把它和选定的容许误差比较。

（2）识别(校正)过程

由于野外实际条件的复杂性,我们建立的数值模拟模型是否能代表所研究的地质体还没有把握,模型中出现的参数此时一般也不可能准确给出。因此,必须对所建立的数值模拟模型进行识别校正,即把模型运行的结果和通过某种试验或对含水层施加某种影响后所得到的实际观测结果或一个地区地下水动态长期观测资料进行比较,看两者是否一致。若不一致,就要对模型进行校正,直至满意地拟合为止。这一步骤称为模型识别或模型校正。识别模型时,按给定的定解条件先根据掌握的信息假定一组参数初值,其他条件与实际问题一致,例如求解地下水流方程,模拟不同时刻各节点的水头,看看计算所得水头值和观测孔中的观测值是否一致,误差是否足够得小。若不满足要求,就要对给出的参数值进行调整,再求解问题,直至获得满意的拟合结果为止。如调整参数值无法满足,必要时还要修正边界条件,甚至检查给出的方程或方程组是否符合实际情况或对实际天然地质体的认识是否有偏差。

　　虽然可以通过长期观测资料求得某种平均值(如某观测时段观测水位的平均值、某观测时段某月观测水位的平均值、某一年的平均水位等)进行稳定流条件下的识别来求参数,但笔者认为还是通过某观测时段的实际观测资料进行非稳定流条件下的识别来求参数为好,这样求得的参数也更符合实际。

　　找出模型参数完成识别或求解的方法基本上有两大类:① 试估-校正法,人工调整参数;② 自动调整参数。前者虽然人工调整,但可以充分发挥模拟者熟悉当地水文地质条件的特点,大幅度地快速调整参数,找出大致最佳的参数组合,缩短调整参数的时间。但调到一定阶段后,人工判断会有困难,如难以判别下一步的调整方向,此时就不如自动调整参数优越了。因此,经验表明早期用试估-校正法,到最后阶段人工调整参数,也就是说试估-校正法调整参数难以继续进行下去时,改用自动调整参数,以便找到最佳的参数组合。

　　试估-校正法无法给出选择最终参数中的不确定程度信息,也不能保证它是统计上最佳的解。试估-校正法有可能得到不唯一的解,即不同的参数组合基本上得出相同的水头分布。解绝不唯一的问题的常用办法是将在识别前确定参数和外部水力影响的大致合理的变化范围作为约束条件。由于试估-校正法无法用数量表示结果的统计不确定性或可靠性,完成识别后要做敏感度分析。试估-校正法易受模拟者经验和爱好的影响。自动求解逆问题可以避免受模拟者经验和爱好的影响,由于这种方法也没有最终解决不唯一和不稳定的问题,不仅受到人们批评,也使它迄今还没有普遍使用。特别对缺少足够导水性等资料作为约束条件的问题来说,不唯一性更是一个问题。也有人认为用自动技术制作的识别模型并不一定比用人工试估-校正法制作的模型更受欢迎。但自动解逆问题模型可使模拟者集中精力提出特有的问题并以合理的方式解决它。这些模型也能提供识别中有关不确定性的信息。所以随着模拟者统计知识的增加并有更强大的计算机时,就会有更多的人使用自动参数估计。

　　作为识别依据的野外实测水头(或溶质浓度、温度等)和流量(通量)常常含有一定的误差,识别前必须加以量化。以水头为例,就要评估误差的来源和总误差的大小。野外测得的水头值含有与水位测量装置、测量者、水准点位置和精度有关的测量误差。理想情况下,测量误差的量级应在1~2 mm左右。区域研究中,取决于测量精度测量误差可能大于这个数。误差的另一个来源是尺度效应。例如水头是在装有长过滤器的井中测量的,但三维模型要求的是点上的水头值,所以这种水头值只适用于二维区域模型。另一类导致误差的尺度效应是网格或单元代表的是网格或单元内含水层的平均性质,可是野外实测的水头可能受小尺度非均质性的影响,这种非均质性可能不为构建模型的模拟者所注意,从而导致模拟水头中出现某种误差。选作识别用的水头值应位于节点上,但实际上往往不一定都能做到,这样就有估计节点水头值所产生的差值误差。这种误差有可能达到2~3 m或更大,所以要尽量设法减少上述各类误差。野外测量的流量,如基流、泉流、河流渗漏或潜水面蒸散发等也可能被选作识别的依据。和流量估计有关的误差通常比水头测量的误差大得多。即便如此,为了增加识别的唯一性,利用流量作为除水头以外的识别依据仍然是可取的。例如模型识别时,有可能通过调节渗透系数或者补给量来校正水头,因为增大渗透系数和减少补给对水头的影响是相同的。因此,识别流量就给出了另外一条独立的检验渗透系数的途径。此外还可考虑用速度信息作为水流模型的识别信息。

(3) 评估

a. 评估办法

需要对识别结果进行定性和定量的评估。下面讨论几种通常被用来评估试估-校正法识别的办法。

实测水头和模拟水头等值线图的对比提供了一种看得见的定量方法,同时给出了识别误差空间分布的大致信息。可是根据野外资料绘制的等值线图包含了绘制引起的误差,因此不宜作为识别的唯一证据。实测水头对模拟水头的散点图是另一种显示拟合程度的方法。各点对直线的偏离应是随机分布的。列表表示水头观测值 H、模拟值(计算值) H(包括所在节点号、观测井号)以及它们间的误差值和某种误差值的平均,是展示识别结果的另一种常用方法。误差值的平均就作为识别过程中的平均误差。识别的目的就是使这个误差为最小。一般采用均方根误差(RMS)来表示水头观测值和模拟值间误差平方和的均值,也有人采用平均误差(ME)、平均绝对误差(MAE)来表示。

上述误差表示方法虽然确定了平均误差的量,但没有办法知道误差的分布情况。误差分布的定量分析也应该是识别评估的一个组成部分。以水流模拟为例,实测水头和模拟水头间的误差可以用分区图或等值线来表示。这种误差在整个网格上是随机分布的。如果某种趋势明显(如模型某一部分水头太高),就应调整参数值或边界条件来消灭这种趋势。根据这项分析,就可能把误差源隔离开来并采取步骤改善模型所用的信息。为此要以不同方式来研究误差的空间分布,常用的表示方式有水头误差等值线图,表示观测孔位置和观测值以及模拟值的图,ME、MAE 和 RMS 与参数值对比图,后者用来表示一种参数值改变时识别的敏感度。

国内模型识别时多采用误差的平方和作为衡量计算所得水头值和水头实际观测值之间拟合程度的标准。

试估-校正法无法得到唯一解,由此给模拟结果引入了不确定性。因此,对识别模型还要做敏感度分析。

b. 模型检验

由于识别中存在不确定性,通过识别模型得到的一组参数有可能并不精确代表野外的实际数值。因而在不同的另一组外界影响下,通过识别得到的一组参数可能并不精确代表模拟的地下水系统。模型检验有助于解决这个问题。模型检验通常是把识别得到的一组参数和模型原封不动地用来模拟另一段时间的野外观测资料,外部影响如抽、注的水量、时间和方式以及边值、入渗补给量等也按该时段的实际情况给出,比较模拟值和野外实测值,两者应在预先设定的容许误差范围内。如所有结果显示两者误差在容许范围内,说明模型(连同参数)可靠,具有实用性,可用于预报。如不在容许范围内,则必须对识别所得的上一组参数进行修正,重新进行识别、检验,直至一组新的参数在识别和检验阶段模拟值和野外实测值两者均在预先设定的容许误差范围内。注意必须有另一组独立的长期观测数据用于检验。另外,检验必须用没有任何改变的经识别得到的同一组参数来完成。显然,为了进行检验必须有系统的长期观测资料。在缺少长期观测资料的地区,检验可以通过另一组独立的稳定流数据来完成。有时往往只有一组野外数据可用,必须把它用于识别,模型检验就无法进行了。这种经过识别但没有检验的模型一般情况下不太适合使用。只有在特殊情况下如识别的时间段比较长,有多个水文年,这段时间经历了较激烈的外部变化(如枯水年和丰水年),而且识别对比要在该地区所有观测孔、所有观测时段的观测值和相应的模拟值间进行,识别模型和预报模型都小心地进行了敏感度分析,只有这样才有可能勉强用于预报。一般说来,经过识别但没有检验过的模型的预报结果一般比识别且检验过的模型的预报结果更加不确定。

无论识别或检验,实测值和模拟值的比较必须在该地区所有观测孔(每个参数分区至少应有一个观测孔)、所有观测时段间进行,绝不允许只挑选一部分观测孔和一些特定的时间段的观测值来进行拟合对比。显然,这种挑选一部分观测孔、一部分观测时间段的方案无法保证所建立的模型确实能代表所研究的地质体。

(4) 预报

经过识别、检验后的模型说明它确实能代表所研究的地质体,或者说是实际水流系统的复制品了,因而可以根据需要来运用这个模型进行相应的计算或预测,去预报该系统对未来事件的反应。预报模型首先要确定该模型在多长时间内能精确预报未来,这在很大程度上取决于识别的结果、敏感度分析和检验结果。在做出这项决定时,我们认为适当考虑模型已经证明有效的时间有多长(识别、检验时段的长度)是必要的。如果这段时间很短,没有经历过水文条件的重大变化,不能保证未来长时间内发生大的变化时模型还能具有代表性。

在模型预报前,还需要完成如下工作:

① 根据设定的预报起点,给出初始时刻地下水流场。

② 给出预报时段内边界条件数据,包括边界水位、流量等,可通过相应的统计模型或计算区外围的区域模型计算得出。

③ 给出预报时段内所有源汇项数据,包括大气降水入渗量、地下水蒸发量、地表水与地下水交换量、人工开采量等。

将上述条件代入验证过的地下水数值模型中,模拟、预报特定条件下的地下水位动态和流场特征,并据此分析、评价地下水资源开发利用方案对地下水系统的影响,为相关决策提供科学依据。

预报中隐含着两个问题:识别模型的不确定性和未来外部水力影响的不确定性。为此对它们中的每一个都需要不同形式的敏感度分析。即使一组参数在识别和检验期间拟合得非常好,当模型的外部影响以新的方式出现时它不见得就能精确反映系统的性状。因此为了测试参数不确定性的影响,至少应对预报模拟中的一个方案进行敏感度分析。此外,预报模拟要猜测未来的降水补给、人类活动(如抽、注水)等事件的可能性和数量的大小,这些信息的获得都带有一定的不确定性并引入新的误差。这些误差的存在也就是为什么不少模型并没有给出合理预报的部分原因。在预报敏感度分析中,需要进行多个不同方案的模拟,如假设不同的抽水方案进行模拟或者测试系统对不同补给速率的反应。

造成预报错误的原因主要有两种情况：

① 概念模型有错，没有真实反映所研究地质体的水文地质条件。如前面提到的那样，把边界条件都搞错了。因此，必须对概念模型进行仔细的评估。

② 没有正确选择或估计用于预报的数据，特别是一些反映外部影响的数据，如降水量、抽水流量、污染物渗入速率等。预报模拟时要求知道这些量的大小，这些估计值却都隐含有很大的不确定性。根据现在的趋势预报未来存在很大困难，所以对于这方面的失败通常应给予理解。但要指出，利用时间序列分析等数学方法根据以往降水量资料来预测未来10年、20年，甚至更长时间的降水量作为预报模型的重要数据进行预报是没有任何依据的，且早已被气象学家所否定。为了克服这方面的困难，有必要假设若干个不同的一组有关反映外部影响趋势的数据去进行预报，以便确定预报值的一个大致范围。

此外，在识别、检验阶段，只挑选部分观测孔、部分观测时段的观测资料进行对比，而不是对所有观测孔，观测时段的资料进行拟合对比以及只有识别没有经历检验阶段、识别和检验阶段时间过短也是造成将来预报错误的一个原因。

从上面的分析不难看出，错误预报的原因不在模型技术和数值法本身，而在于模拟者的素质：能否正确认识研究区的水文地质条件，能否建立正确反映上述条件的概念模型，能否恰当地估计未来的各种外部影响和正确地进行模拟。

（5）模型后续检验与修正

地下水数值模型由于涉及众多的未知项，其实很难完成对地下水系统行为的精确预报，而且预报时间越长，准确性就越低，更主要的是提供一种趋势分析。而模型的后续检验与修正，则可以使所建立的数值模型持续发挥作用。

所谓后续检验，是通过对比实测数据与对应时间上的预测数据，来检验模型的有效性和实际预测精度。

基于水文地质勘查工作的不断深入以及对水文地质条件认识的不断提高，结合模型后续检验结果，修正模型预报条件，甚至重新识别和验证模型。此项工作可以使所建立的地下水数值模型不断得以完善、提高，持续发挥其对地下水系统的模拟和预报功能。

第3章 地下水环境数值模拟实训项目

3.1 了解地下水数值模拟软件

3.1.1 实训目的

初步了解FEFLOW软件的界面组成、组件显示的基本操作。

3.1.2 实训内容

1. 界面组件显示的基本操作

（1）FEFLOW软件界面的说明

FEFLOW软件界面主要分为菜单栏、工具栏、面板栏和窗口栏四部分（图3.1），分别对应图上编号①、②、③、④。面板栏和窗口栏的大小可以调整，除菜单栏外的组件可以任意调整位置和可现性。

（2）打开操作对象

以下练习利用菜单栏上的命令打开一个FEFLOW文件（＊.fem）。操作步骤如下：

点击菜单"File"——"Open"（如同Word软件的文件后缀为*.doc，FEFLOW软件的文件后缀是*.fem）——找到一个文件名为exercise_fri20.fem的文件打开，显示界面如图3.2所示。窗口栏显示了"3D"和"Slice"两个视图窗口，工具栏、面板栏显示了各种组件。

（3）界面组件显示的操作步骤介绍

接下来我们调整界面的显示内容，方法步骤如下：

① 调用/隐藏工具栏中的工具：从主菜单栏上点击一次"View"——"Toolbars"调用，再次点击则隐藏。

② 调用/隐藏面板栏中的面板：从主菜单栏上点击一次"View"——"Panels"调用，再次点击则隐藏。点击面板组件右上角的"Close"按钮，也可以隐藏该面板。

③ 调用/隐藏面板栏中的图表：从主菜单栏上点击一次"View"——"Charts"调用，再次点击则隐藏。点击图表组件右上角的"Close"按钮，也可以隐藏该面板。

④ 在窗口栏中添加视图窗口，从主菜单栏上"Window"——"New"中选择需要显示的窗口，点击视图窗口右上角的"Close"按钮可以关闭窗口。

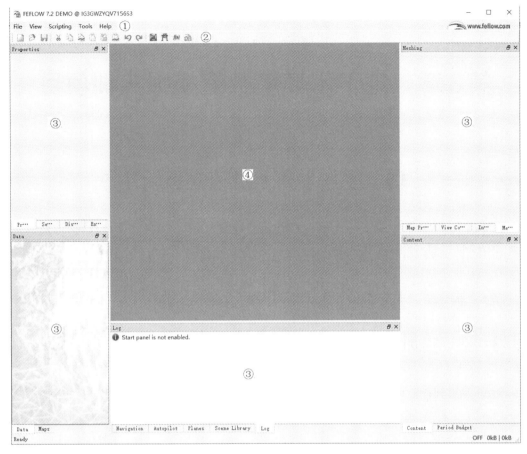

图3.1 软件界面图

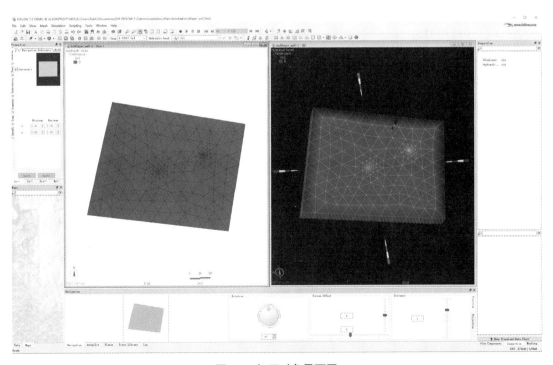

图3.2 打开对象界面图

⑤ 调整视图窗口的显示尺寸:点击视图窗口右上角的"Minimiz"或者"Maximize"按钮可以实现最小化或者最大化,也可以通过拖动视图窗口边界的双向接头手动调节尺寸。

⑥ 通过主菜单栏上"Window"菜单可以选择层叠、平铺显示多个视图窗口。

⑦ 窗口栏和面板栏各组件的移动。在组件的标题栏点鼠标左键并移动鼠标,可以拖动组件到目标位置。当面板或图表组件被拖动到面板栏或窗口栏边界时,相应部位会出现蓝色提示块,放下组件后,组件会固定到该位置。

⑧ 两个及多个面板和图表组件可以重叠放置(如同Excel软件的工作表),点击其中一个组件可以使其置于当前显示。

⑨ 要恢复界面的默认设置,在主菜单栏点击"重置"按钮("View"——"Reset Toolbar and Dock-Window Layout"),下一次启动FEFLOW软件时,界面就会恢复到默认布局。

2. 练习操作

重新启动FEFLOW,打开exercise_fri20.fem文件。在界面调用所有工具,关闭所有面层组件,调用"Map面板"放置到右侧面板栏,调用"View Components面板"放置到左侧面板栏、调用"Hydraulic-Head History图表"放置到下侧面板栏,在窗口栏中添加"Supermesh"和"Slice"两个视图窗口,并将它们平铺显示。显示结果如图3.3所示。

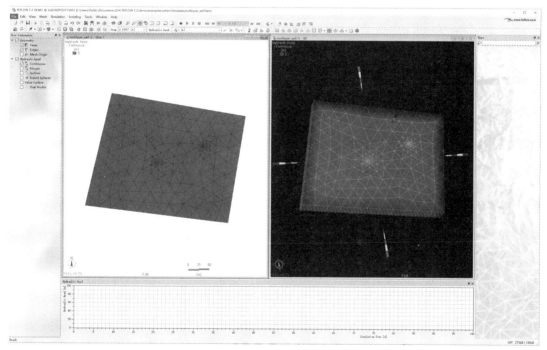

图3.3 练习操作界面图

3.1.3 复习要点

（1）掌握打开已有fem格式文件的方法。
（2）掌握调用工具、面板、图表组件的方法。
（3）掌握调整面板、图表的位置的方法。
（4）掌握如何将目标视图窗口并置于当前层。

3.2 新建有限单元网格框架的操作

3.2.1 实训目的

学习并掌握简单"Supermesh"的建立，为生成有限单元网格奠定基础。

3.2.2 实训内容

1. 新建文件

（1）新建文件的操作步骤介绍

① 在工具栏单击"New"按钮，弹出模型类型选项对话框，如图3.4所示，对话框中有两个可选项，分别是"2D or layered 3D mesh"（二维或三维网格模型）和"Fully unstructured 3D mesh"（非结构三维网格模型）。

② 点选"2D or layered 3D mesh"，并点击"Next"按钮，弹出"Supermesh"建立方式选项对话框，如图3.5所示，对话框中有三个可选项，分别是"Manual domain setup"（手动式区域设置）、"Supermesh import from maps"（从地图导入Supermesh）、"FEM mesh import from maps"（有限元网格导入）。

③ 点选"Manual domain setup"，并点击"Next"按钮，弹出模型网格范围设置对话框，如图3.6所示，可以分别设置x和y方向的范围。

④ x和y方向上的Min项我们都设置成为0[m]，x和y方向上的Max项我们都设置成为100[m]。点击"Next"按钮，弹出坐标系偏移设置对话框，如图3.7所示，我们按默认值，点击"Finish"按钮。

⑤ 进入FEFLOW界面，"Supermesh"视图窗口启动。

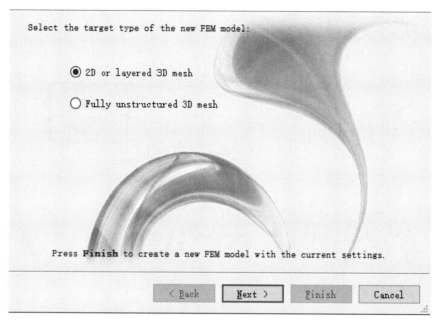

图3.4　新建模型类型选项对话框

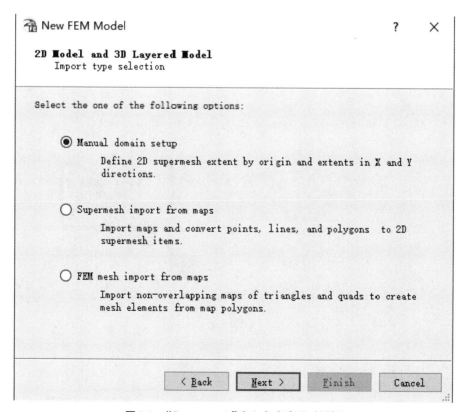

图3.5　"Supermesh"建立方式选项对话框

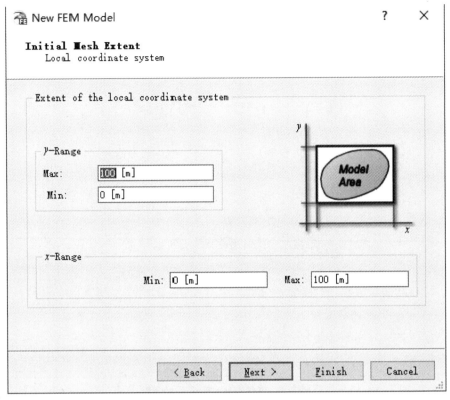

图3.6　模型网格范围设置对话框

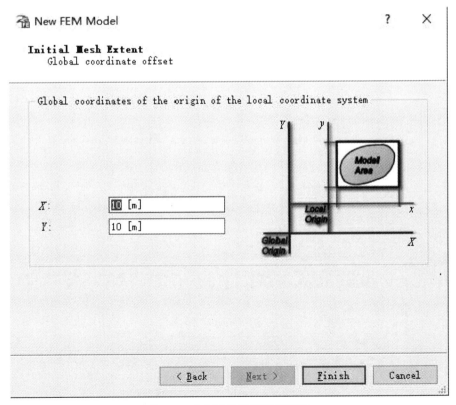

图3.7　坐标系偏移设置对话框

2. 新建简单"Supermesh"操作

（1）"Supermesh"的说明

Supermesh是生成有限单元网格的框架,可以由任意数量的多边形、点、线构成。

（2）新建简单Supermesh的操作步骤介绍

① 在"Mesh Editor"工具中单击"Add Polygons"按钮,就可以在"Supermesh"视图窗口中绘制任意多边形了。通过单击鼠标左键,可以绘制多边形的节点,第一个节点显示红色,再次单击此节点完成多边形绘制,节点红色消失。两个及以上的多边形不能重叠绘制。

② 在绘制好的多边形边线上设新多边形的第一节点,并将最后一个节点同样设置在边线上,在最后一个节点绘制时双击鼠标左键,软件会自动沿着已有多边形的边完成新多边形的绘制。在"Mesh Editor"工具中点击Selection下拉菜单任意选择方式,将绘制好的两个多边形同时选中,点击"Mesh Editor"工具中的"Join Polygons"按钮可以实现两个多边形的合并,如图3.8所示。

③ 点击"Mesh Editor"工具中的"Split Polygons"按钮,画一条线从已有多边形的边线上开始和结束,将使原多边形分成两部分,如图3.9所示。

④ 在"Mesh Editor"工具中单击"Add Lines"按钮可以在"Supermesh"视图窗口绘制线,通过单击鼠标左键,可以绘制线的节点,在最后一个节点双击鼠标左键完成线绘制。单击"Add Points"按钮,可以绘制点。

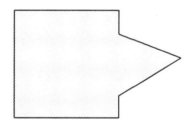

图3.8　正方形和三角形合并图

图3.9　分割多边形

⑤ 从工具栏单击"Save"按钮保存文件。

绘制点、线、多边形的一点经验:

a. 在单击了工具按钮后,按下键盘"F2"键,在弹出的对话框中输入坐标x与y值并回车,可以在坐标位置设定节点。

b. 使用"Selection"下拉菜单任意选择方式,选中需要删除的点/线/多边形,然后按"Del"键就可以删除。

c. 在绘制线或多边形时,当前节点设定错误,可以通过单击该线或多边形前一个节点的方式删除当前节点。

3. 练习操作

进行两个练习:

（1）绘制一个Supermesh,使其轮廓为一个正方形,并由对角线分割成两个三角形,上三角形中部绘制一个点,中间绘制线,显示结果如图3.10所示,保存文件并命名为square.smh。

（2）绘制一个Supermesh，使其轮廓由一个正方形和一个正三角形两部分组成，并且合并为一个整体，正方形的中间有一个四边形区域，显示结果如图3.11所示，保存文件并命名为triangle.smh。

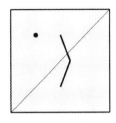
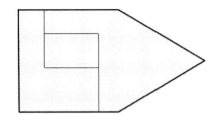

图3.10　Supermesh练习1　　　　图3.11　Supermesh练习2

3.2.3　复习要点

（1）学会新建一个FEFLOW文件。

（2）学会使用"Mesh Editor"工具绘制点、线、多边形。

（3）掌握合并和拆分多边形的方法。

3.3　模型离散的操作

3.3.1　实训目的

学习并掌握简单Supermesh生成有限单元网格的基本操作方法。

3.3.2　实训内容

1. 模型离散的基本操作

（1）"Meshing"面板说明

模型离散需要用到"Meshing"面板上，该面板有下拉栏和功能按钮。下拉栏中的选项是网格生成的不同方式，见表3.1，主要按钮的功能见表3.2。

表3.1　网格生成的四种方式

序　号	网格生成的四种方式
1	Advancing Front：支持多边形网格化为较规则的三角形单元，但点和线无法在网格中显示
2	Gridbuilder：支持多边形网格化为三角形单元，支持点和线的显示
3	Triangle：支持多边形网格化为三角形，支持点和线的显示，适用面广
4	Transport Mapping：支持轮廓为四边形的Supermesh模型网格化为四边形单元

表3.2　Meshing面板主要按钮

序　号	按　钮　功　能
1	Show mesh generator options：可在Meshing面板查询网格单元的属性数据
2	Quadrilateral Mode：点击后Meshing面板下拉栏中增加Transport Mapping
3	Refinement Selection：细化选择
4	Generate Mesh：网格化生成启动按钮

（2）"Selection"工具说明

"Selection"工具使用频率高,各种基本操作都需要用到。主要有三种类型：①选择范围；②选择模式；③选择对象类型。基本按钮说明见表3.3~表3.5,对于"3D"视图会有更多的按钮项。此外,"Selection"工具还有"Select All"按钮、"Clear Selection"按钮,"Invert Selection"和"Snap"比较常用。

表3.3　"Selection"选择范围工具的基本按钮

序　号	按　钮　说　明
1	Select Individual Mesh Items：选择独立的网格项
2	Select Mesh Items by Value：按值选择网格项
3	Select Complete Layer/Slice：选择完整的层或面
4	Select in Rectangular Region：在矩形区域中选择
5	Select Using a Lasso：使用套索选择
6	Select in Polygonal Region：在多边形区域中选择
7	Select by Map Point：按地图中的点选择
8	Select by Map Line：按地图中的线选择
9	Select by Map Polygon：通过地图中的多边形选择
10	Select Nodes Along a Border：沿着边框选择节点

表3.4　"Selection"选择对象类型的基本按钮

序　号	按　钮　说　明
1	Set New Selection：重置选区
2	Add to Selection：在原有选区基础上增加新选区
3	Remove from Selection：在原有选区内移除与新选区相交部分
4	Toggle in Selection：前后两选区重叠部分外的区域作为新选区
5	Intersect with Selection：前后两选区重叠部分作为新选区

表3.5　"Selection"选择模式工具的基本按钮

序　号	按　钮　说　明
1	Select Elements：选择单元
2	Select Nodes：选择节点
3	Select Slice Edges：选择网格边

（3）模型离散的操作步骤介绍

① 打开已经绘制好的square.smh模型。

② 在"Meshing"面板下拉栏选中"Advancing Front"方法,并点击"Generate Mesh"按钮,模型离散启动,窗口栏"Slice"视图窗口自动出现,三角形有限单元网格生成完成,如图

3.12所示。此方法生成的三角形比较规则,接近等边三角形,但是点、线没有显示。

③ 选择"Triangle"方法,对同一个模型进行离散。点击"Show mesh generator options"按钮,在"Property Value"(属性数据)选项卡中将"Polygon Gradation""Line Gradation""Point Gradation"均设置为2,将"Polygon Target Size""Line Target Size""Point Target Size"均设置为0.2 m,将"Refine lines""Refine Points"后面的单选框打钩,代表选择了加密显示,点击"Generate Mesh"按钮生成的网格,如图3.13所示。此方法将点和线从网格中识别了出来。

④ 选择"Gridbuilder"方法,点击"Generate Mesh"按钮后,软件会报错,离散化失败。说明此方法的适用性不如"Triangle"方法。

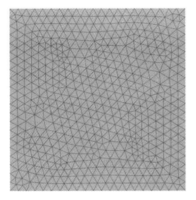

图3.12 "Advancing Front"方法生成的网格

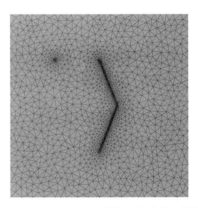

图3.13 "Triangle"方法生成的网格(1)

⑤ 点击Meshing面板的"Refinement Selection"按钮,将两个三角形之间的边线两边的网格加密,在"Supermesh"视图窗口中选中边线,在"Property Value"选项卡中"Refine Polygons"后面的单选框打钩,最后点击"Generate Mesh"按钮,完成网格加密,如图3.14所示。

⑥ 对全部网格进行加密。用鼠标左键双击"Meshing"面板下部"From Supermesh Elements"中的"Supermesh"字样,会出现"Supermesh"的"Property Value",将"Proposed elements"从1000改为2000并按键盘回车键,点击"Generate Mesh"按钮,生成的网格变密,如图3.15所示。

⑦ 对局部网格进行处理。将选择范围工具、选择对象类型、选择模式工具分别设置为"Select in Rectangular Region""Set New Selection""Select Elements",在Slice视图窗口中,进行区域选择后,点击"Mesh Geometry"工具中"Delete Elements"或者"Refine Elements"按钮,结果分别如图3.16和图3.17所示。

2. 练习操作

打开square.smh模型,采用"Triangle"方法进行模型离散。将点、线、多边形的级别分别设置为2、3、4,将加密尺寸分别设置为1、1、1.5,将"Messing"面板的"Proposed elements"项设置为1500,文件另存为square.fem,显示结果如图3.18所示。

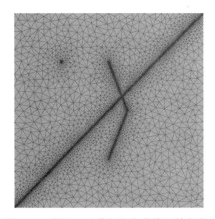

图3.14　"Triangle"方法生成的网格(2)

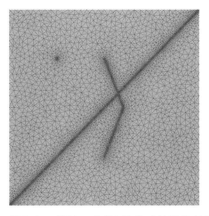

图3.15　"Triangle"方法生成的网格(3)

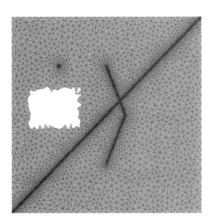

图3.16　删除单元格

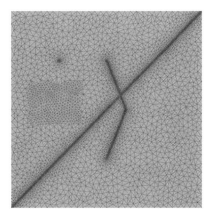

图3.17　局部加密单元格

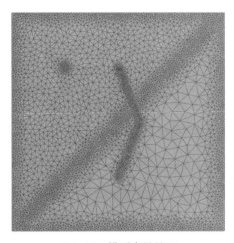

图3.18　模型离散练习

3.3.3　复习要点

（1）了解"Meshing"面板的组成部分。

（2）掌握点、线、面的周围网格的加密方法。

（3）熟悉"Selection"工具使用。

3.4　模拟类型设定的操作

3.4.1　实训目的

掌握水流、溶质运移模型的基础设定。

3.4.2　实训内容

1. 基本模拟类型设定的操作

（1）模拟类型设定的说明

从主菜单栏上选择"Edit"——"Problem Settings"可以进行模拟类型设定，弹出的对话框如图3.19所示。对话框左侧的列表内容根据右侧参数项的选择不同，会有增减变化。基础设置项说明见表3.6。

表3.6　"Problem Settings"基础设置项

序　号	基础设置项
1	Problem Summary：问题一览表
2	Problem Class：问题类别
3	Simulation－Time Control：模拟时间控制
4	Chemical Species：化学物种类
5	Numerical Parameters：数值参数

在对话框中选择"Problem Class"，会出现相应四部分内容的选项：

① 对于二维模型，有"Horizontal""Vertical, planar"和"Vertical, axisymmetric"三个选项。

② 对于水流模拟，有"Standard(saturated)groundwater-flow equation"和"Richards' equation (unsaturated or variably saturated media)"两种情况可选。饱和流采用达西公式计算，非饱和流采用Richard方程计算。Horizontal模式只有饱和流选项，后两种有饱和和非饱和流的选项。

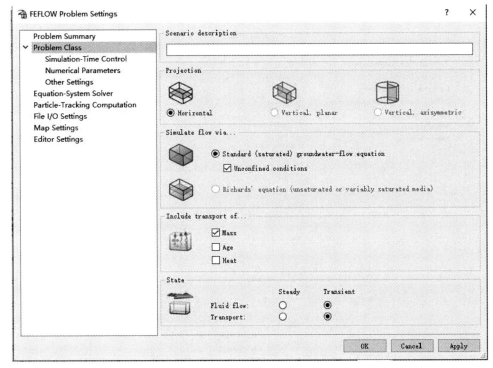

图3.19 "Problem Settings"对话框

③ 对于运移模块有"Mass""Age"和"Heat"三个选项。

④ 对于水流和运移模型状态,有"Steady"和"Transient"两个选项。

(2) 二维稳态饱和水流模型的基本设定

调出"Problem Settings",在对话框左侧列表中选择"Problem Class",在右侧选取"Horizontal""Standard(saturated)groundwater-flow equation""Steady"三个选项,对话框如图3.20所示,设定好后点击"Apply"按钮应用。此设定表示的是承压含水层,模拟饱和非承压条件需要同时勾选"unconfined conditions",特别指定潜水的地下水位。二维"Vertical, planar""Vertical, axisymmetric"模型可以类似设定。

(3) 二维非稳态饱和溶质运移模型的基本设定

调出"Problem Settings",在对话框左侧列表中选择"Problem Class",在右侧选取"Horizontal""Standard(saturated)groundwater-flow equation""Mass"和"Transient"四个选项,对话框如图3.21所示,设定好后点击"Apply"按钮应用。在左侧列表中选择"Simulation-Time Control",在右侧需要完成基本设置"Initial simulation time""Initial time-step length""Final simulation time",其他项可以采用默认值,如图3.22所示。在对话框左侧列表中选择"Chemical Species",在右侧填写化学物质的种类,如图3.23所示。根据具体情况,可以在"Numerical Parameters"中设置误差允许度、最大迭代次数、迎风方法的选择,如图3.24所示。二维"Vertical, planar"和"Vertical, axisymmetric"模型可以类似设定。

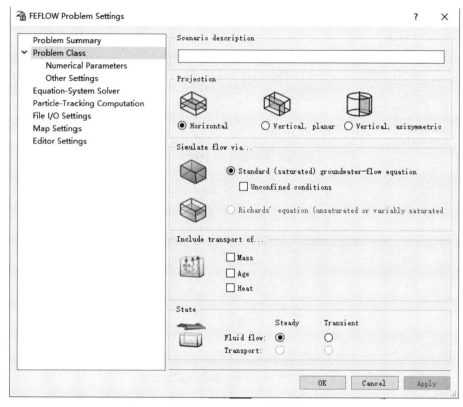

图3.20　二维稳态饱和水流模型的基本设定

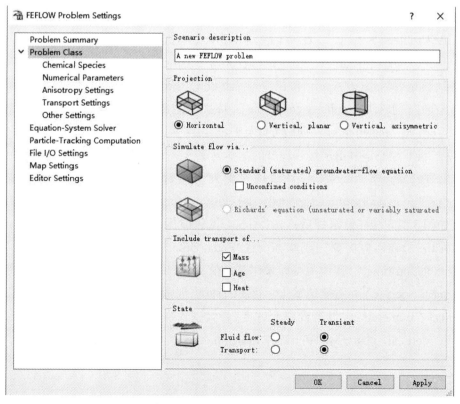

图3.21　二维非稳态饱和溶质运移模型的基本设定（1）

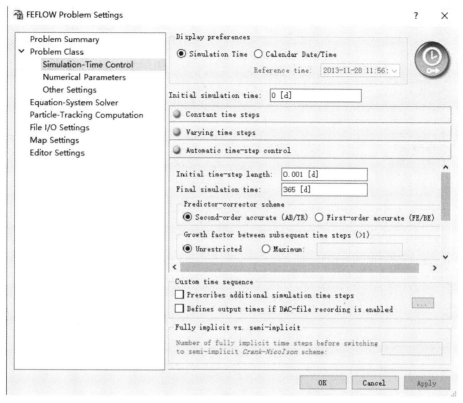

图 3.22　二维非稳态饱和溶质运移模型的基本设定(2)

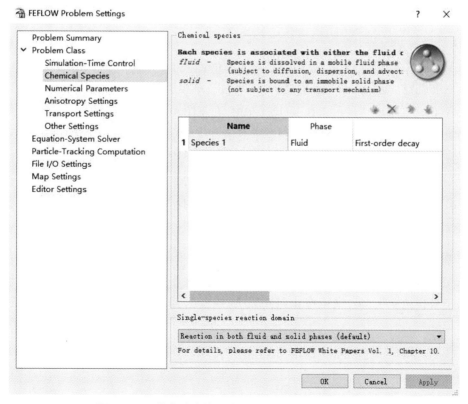

图 3.23　二维非稳态饱和溶质运移模型的基本设定(3)

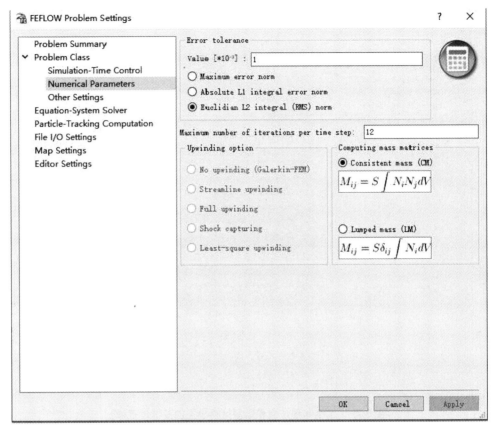

图3.24 二维非稳态饱和溶质运移模型的基本设定(4)

（4）三维模型的基本设定

从主菜单栏上选择"Edit"——"3D Layer Configuration"可以将二维有限单元网格模型扩展为三维模型。以square.fem模型为例，经过三维模型扩展，弹出对话框如图3.25所示，经确认后"3D"视图自动显示。在"3D"视图中，在视图窗口可以用鼠标左、右按钮和鼠标滚轮来改变视角。默认情况下在"3D"视图中点击并拖动鼠标左键可以旋转模型，点击并拖动鼠标右键可以缩放模型，按住键盘"Shift"键并转动鼠标滚轮可以使模型在z方向进行缩放。另外，点击键盘"Home"键，视图可以快速返回全景状态。

调出"Problem Settings"，在对话框左侧列表中选择"Problem Class"，如图3.26所示，除了二维投影选项消失外，其他基本设置与之前的类似。

2. 练习操作

打开square.fem模型，将其扩展为三维模型，并设置为饱和非稳态水平面水流模型，初始时间步长设为0.005 d，模拟终止时间设为3000 d，其他选项采用默认值。模型另存为square1.fem。

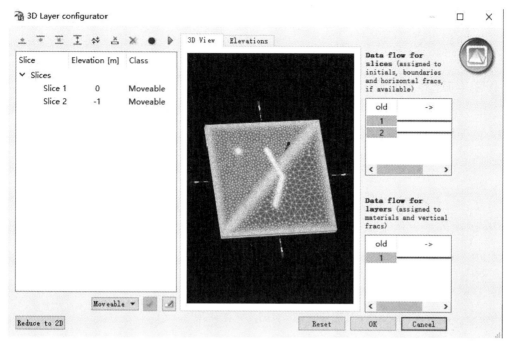

图3.25　三维扩展模型(1)

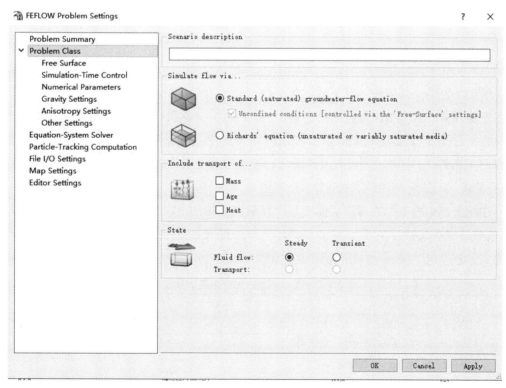

图3.26　三维扩展模型(2)

3.4.3 复习要点

(1) 掌握二维稳态饱和水流模型的基本设定。
(2) 掌握二维非稳态饱和溶质运移模型的基本设定。
(3) 掌握三维饱和水流模型、溶质运移模型的基本设定。

3.5 模型参数设定的操作

3.5.1 实训目的

掌握初始条件、边界条件、介质属性设定的基本操作。

3.5.2 实训内容

1. 模型参数设定的基本操作

(1) 模型参数的说明

模型要能得到模拟输入结果或者保证模拟结果可信,模型参数的设定是地下水数值模拟的重要环节。其基本操作包括初始条件、边界条件、介质属性设定三部分。初始条件的设置参数主要有水头、溶质浓度和温度。FEFLOW支持五种水流边界条件和等效溶质及热量运移边界条件,分别为:① 水头边界条件;② 流量边界条件;③ 流体传输边界条件;④ 井(节点的源/汇)边界条件;⑤ 多层井(3D模型)。

在视图选中模型并在"Data"面板双击参数菜单中的一项,该项参数的字母名称会加粗(代表激活成功),然后在"Editor"工具的输入框中键入数值,点击"Assign"(绿色"√")按钮,即完成参数设定。"Data"面板的常用基础参数见表3.7。

表3.7 "Data"面板的常用基础参数

序　号	参　　数
1	Geometry:几何形状
①	In-/active Elements:非激活/激活单元
2	Process Variables:过程变量
①	Fluid flow:流体流动
②	Mass transport:溶质运移
3	Boundary Conditions (BC):边界条件
①	Hydraulic-head BC:水头边界条件
②	Fluid-flux BC:流量边界条件

序　号	参　　数
③	Fluid-transfer BC：流体传输边界条件
④	Well BC：井边界条件
⑤	Multilayer Well：多层井
4	Material Properties：介质属性
①	Transmissivity：渗透系数
②	Source/Sink：源/汇

（2）模型水头和溶质初始条件设定的基本操作

打开 square.fem 模型，将模型设置成二维非稳态饱和溶质运移模型，调出"Data"面板，选中"Hydraulic head"参数，使用"Selection"工具，选择模型中的目标节点，然后在"Editor"工具的输入框中输入水头数值，点击绿色"√"按钮赋值。采用同样的方法对"Mass concentration"参数赋值。

（3）模型水头和溶质边界条件设定的基本操作

选中"Hydraulic-head BC"参数。使用"Selection"工具，选择模型中的目标节点，然后在"Editor"工具的输入框中输入边界水头数值，点击绿色"√"按钮赋值。同样的方法在"Mass concentration BC"参数赋值。

边界节点的选择使用"Selection"工具的"Select Nodes Along a Border"比较方便。选定工具后，对节点赋值并取消节点选择后，以上节点会出现边界条件符号，如图 3.27 所示。如果参数有限制条件，可以用鼠标右键点击该参数，调出"Add Parameter"（增加参数）的选项，并用与节点赋值相同的方法给节点赋限制值，完后的节点在边界条件符号上增加了横线，如图 3.28 所示。

此外，边界节点的赋值还可以通过"Editor"工具的"Linear 1D Interpolation"按钮进行线性插值赋值，还可以采用参数关联方法进行快速赋值。

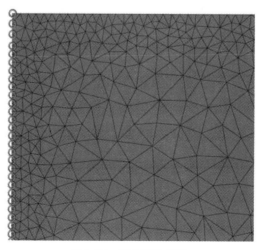

图 3.27　节点赋值符号

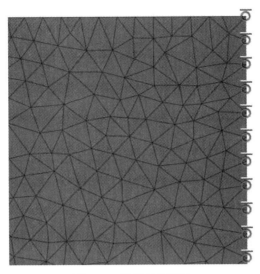

图3.28　限制条件符号

（4）介质属性设定的基本操作

选择"Data"面板中的"Transmissivity"系数，使用"Selection"工具，选择模型中的目标单元，然后在"Editor"工具的输入框中输入导水系数值，点击绿色"√"按钮赋值。

（5）检查节点或单元的值

选择"Data"面板中的"Mass concentration BC"。使用"Selection"工具，选择模型中的目标节点。点击"Inspection"工具按钮，鼠标移动到目标点，则会在"Inspection"面板显示该节点的赋值情况，如图3.29所示。类似方法可以检查单元赋值情况。

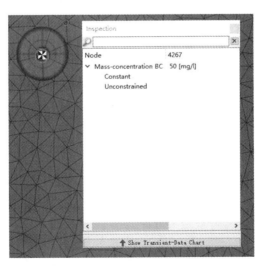

图3.29　检查节点边界条件

2. 练习操作

打开square.smh模型，采用"Advancing Front"方法进行模型离散，网格数设置为1000，并将模型设置为饱和稳态水平面水流模型，左侧水流边界条件的水头设置为30 m，右侧水流边界条件的水头设置为20 m。上下边界的水头按线性插值法赋值，检查上边界左起第五个节点的水头值,保存文件并以square2.fem命名。

3.5.3 复习要点

(1)掌握初始条件、边界条件、介质属性的基本设定方法。
(2)熟悉节点、单元赋值情况的检查方法。

3.6 模拟运行及结果评价

3.6.1 实训目的

掌握模型模拟运行及结果评价的基本操作。

3.6.2 实训内容

1. 模拟运行及结果评价的基本操作

(1)模拟运行的基本操作

模型的模拟运行图标及用法跟录音机的"开始、暂停、记录、退出"键一致。

① 打开参数设定完成的fem文件,在"Simulation"工具栏单击"Start"按钮。

② "Pause"模拟暂停;"Record"模拟记录;"Stop"模拟停止,模拟的途径与"Start"一致。

③ 通过点击"Record"选择将模拟结果存储为两种不同的格式:缩略结果文件(*.dar)和完整结果文件(*.dac)。通过点击"Record"也可以指定某一段时间的模拟结果,以及选择存放模拟记录的位置。

④ 在模拟过程中,可以在"Data"面板,单击"Process Variables"中的参数查看参数值分布随时间变化情况。

(2)结果评价的基本操作

① 设置观测点:在"Observation Point"工具栏单击"Set/Clear Observation Points"按钮。

② 在"Slice"视图窗口的模型中单击鼠标左键,即可在目标位置设置观测点,在相同位置重新单击,该观测点被清除掉了。通过"Create Observation Points from Current Selection"按钮,可以把所有选上的点转化为观测点,点击"Clear All Observation Points"按钮可以同时清除所有观测点。

③ 在模型上添加了观测点后,单击"Observation Point"工具中的"Observation Point Properties"按钮后,弹出对话框如图3.30所示,可以进行观测点的观测变量、图例样式等参数的设置。填入"Reference values"可以检查模拟参数是否超过参考值的允许误差范围。

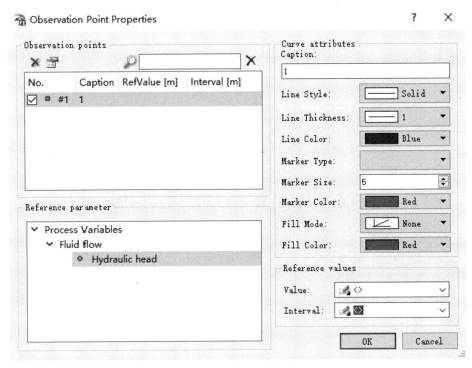

图3.30 观测点的设置对话框

④ 模拟运行完之后,打开目标表格,在表格上点右键,选中"Properties"快捷方式,弹出对话框如图3.31所示。在左侧列表中选中需要保持数据的观测点,选中的观测点的底色会变深,然后点保存按钮,就可以在弹出对话框中设置保存路径和格式,将观测点随时间记录的数据进行保存,用来结果评价与分析。

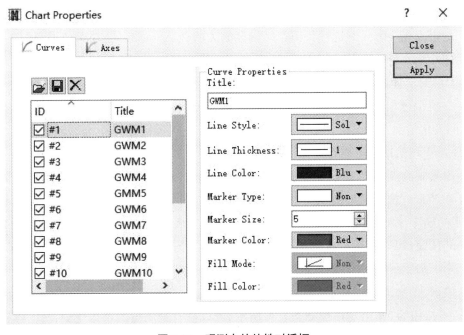

图3.31 观测点的特性对话框

2. 练习操作

打开 square2.fem 模型,在"Slice"视图窗口的模型中放置两个观测点,并将参考值和允许误差分别设置为 20 m 和 0.5 m,检查观测点图标的颜色及模拟结果的水头误差值。显示结果示例如图 3.32 所示。

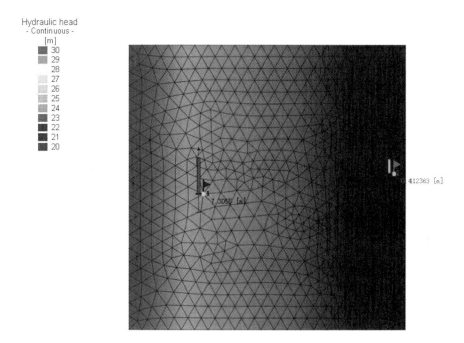

图 3.32　观测点的显示结果示例

3.6.3　复习要点

(1) 掌握模拟运行的基本操作方法。

(2) 掌握观测点的设置方法。

(3) 掌握表格数据的导出方法。

3.7　水头等值线的绘制

3.7.1　实训目的

进一步掌握二维稳定水流数值模拟的基本操作,学会绘制水头等值线图。

3.7.2　实训内容

1. "Supermesh"模型绘制

打开FEFlOW程序,建立一个新的文件,设置正方形模型区域大小为1000 m×1000 m,如图3.33所示。

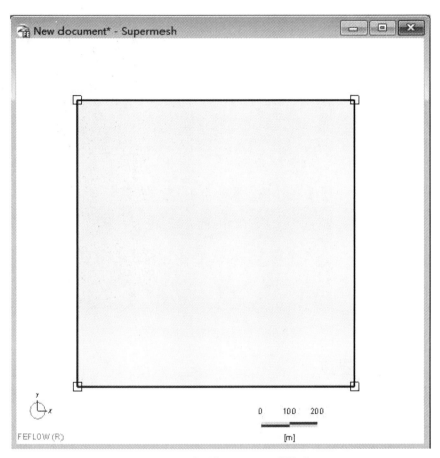

图3.33　正方形"Supermesh"模型

2. 模型离散

在"Meshing"面板下拉栏选中"Advancing Front"方法,并点击"Generate Mesh"按钮,模型离散启动,窗口栏"Slice"视图窗口自动出现。

3. 模拟类型的设定

选中"Edit"——"Problem Settings",在弹出的对话框左侧列表中选择"Problem Class",并在右侧选项中选取"Horizontal""Standard(saturated)groundwater-flow equation""Steady"三个选项,对话框如图3.34所示,设定好后点击"Apply"按钮应用,并点"OK"。

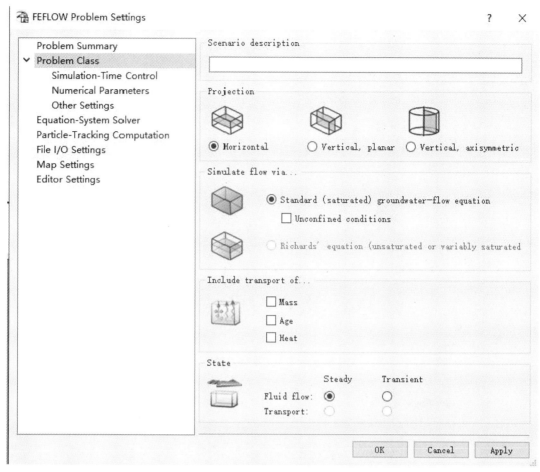

图3.34 二维稳定水流模型设置

4. 模型参数的设定

（1）设置边界条件

调出"Data"面板,选中"Hydraulic-head BC"。使用"Selection"工具,将正方形左侧边选中,然后在"Editor"工具的输入框中赋值为30 m。采用同样的方法将正方形右侧"Hydraulic-head BC"赋值为28 m。选中"Well BC",使用选择工具在网格上选一点作为取水井位置,然后赋值为500 m³/d。边界条件设置都在"Slice"视图框中显示了出来,如图3.35所示。在"View Components"面板中"Hydraulic-head BC"和"Well BC"项的"value Label"复选框进行勾选,可以显示边界条件的赋值数,方便检查边界条件是否设置正确。如图3.36所示。

（2）设置介质属性

在"Data"面板,选中"Transmissivity"参数。将视图中的所有单元选中,在"Editor"工具的输入框中赋值为175 m²/d。同样地,给"Source/sink"赋值为5.5×10^{-4} m/d。

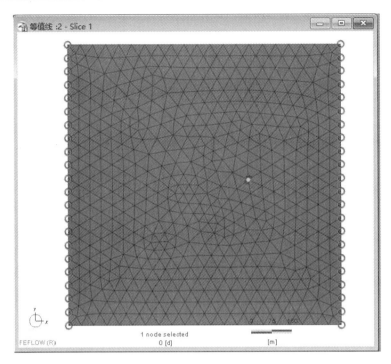

图3.35　边界条件设置

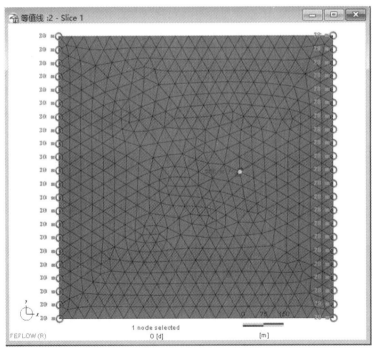

图3.36　边界条件赋值显示

5. 模拟运行

在"Simulation"工具栏单击"Start"按钮,模拟运行启动。当模拟完成,模拟结果显示如图3.37所示。

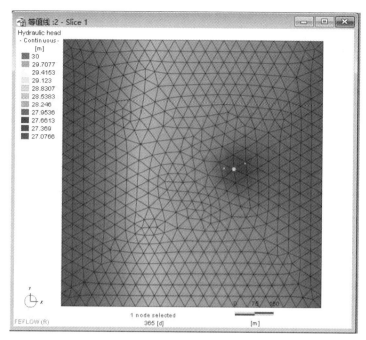

图3.37 模拟结果

6. 水头等值线的设置

对"View Components"面板中"Hydraulic-head BC"的"isolines"复选框进行勾选,可以在模拟结果图中显示水头等高线。在"isolines"上点击右键出现快捷菜单,点击"Properties"后弹出"Properties"面板。分别点选面板的六项标签"Iso""Legend""Line""Minor""Labels"和"color",修改参数,可以调整模拟结果图的显示效果。经调整的结果图,如图3.38所示。

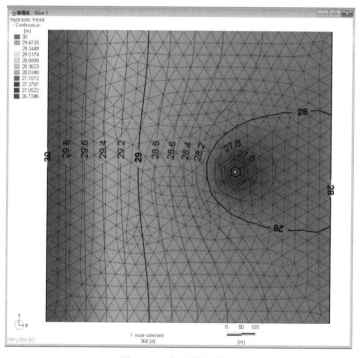

图3.38 水头等值线图

3.7.3 复习要点

(1) 掌握二维承压水稳定流的模拟操作。

(2) 熟悉水头等值线显示及调整的方法。

3.8 降雨补给区的水流模型模拟

3.8.1 实训目的

进一步掌握三维非稳定水流数值模拟的基本操作,掌握降雨补给的参数设置。

3.8.2 实训内容

1. "Supermesh"模型绘制

采用上节同样的方法绘制一个正方形"Supermesh"模型,点击"Mesh Editor"工具中的"Split Polygons"按钮,画一条对角线将正方形分成两个三角形,如图3.39所示。

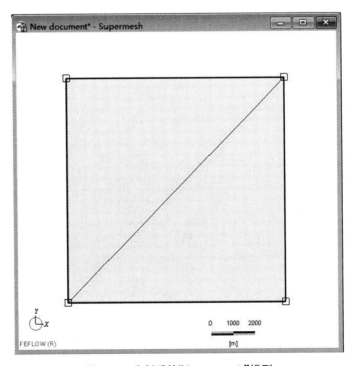

图3.39 分割后的"Supermesh"模型

2. 模型离散

在"Meshing"面板下拉栏选中"Triangle"方法,并点击"Generate Mesh"按钮,模型离散启动,窗口栏"Slice"视图窗口自动出现。

3. 模拟类型设定

选中主菜单栏"Edit"——"3D Layer Configuration"将二维模型扩展为三维模型。选中"Edit"——"Problem Settings",在弹出的对话框左侧列表中选择"Problem Class",并在右侧选项中选取"Standard(saturated)groundwater-flow equation"和"Transient"两个选项,对话框如图3.40所示,设定好后点击"Apply"按钮应用。接着点击左侧列表中选择"Free Surface",将右侧含水层类型选为"Unconfined aquifers",并将含水层顶面设置为"Unconstrained head",底面设置为"Constrained head",如图3.41所示。设定好后点击"Apply"按钮应用,并点"OK"确认。

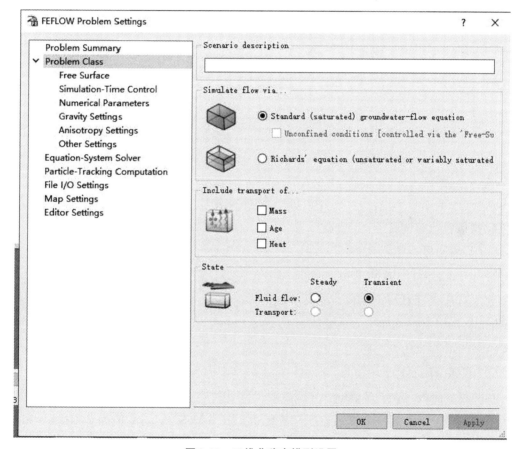

图3.40 三维非稳态模型设置

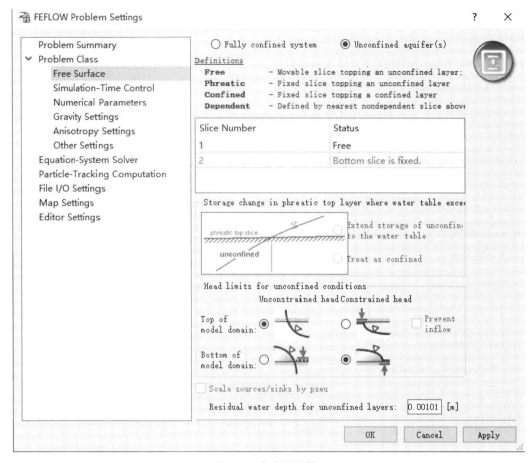

图3.41　自由面设置1

4. 模型参数的设定

（1）设置边界条件

调出"Data"面板，选中"Hydraulic-head BC"参数。使用"Selection"工具，将正方形下边线上的节点选中，然后在"Editor"工具的赋值为150 m。选中"Fluid-flux BC"参数，采用与"Hydraulic-head BC"同样的方法赋值为10 m/d。最后为"Well BC"参数赋值为3000 m³/d。设置结果如图3.42所示。

（2）设置介质属性

在"Data"面板，选中"Conductivity"参数，将三棱柱左上部分K_XX、K_YY、K_ZZ均赋值为50.0256 m/d，然后将三棱柱右下部分K_XX、K_YY、K_ZZ均赋值为10.0224 m/d。同样地，分别将三棱柱左上部分、右下部分的"Drain-/fillable porosity"参数赋值为0.2、0.15，分别将三棱柱左上部分、右下部分的"In/outflow on top/bottom"参数赋值为0.45×10^{-4} m/d、0.5×10^{-4} m/d。介质属性赋值完成，如图3.43所示。

（3）设置初始条件

将视图中的所有节点选中，选中"Hydraulic head"参数，在"Editor"工具的输入框中赋值为150 m。

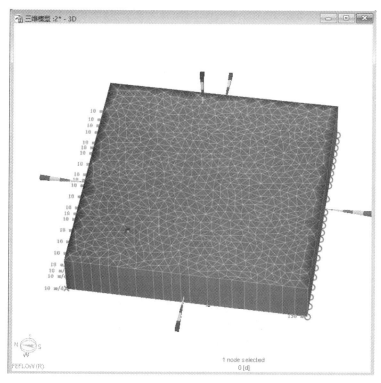

图 3.42　三维模型边界条件设置

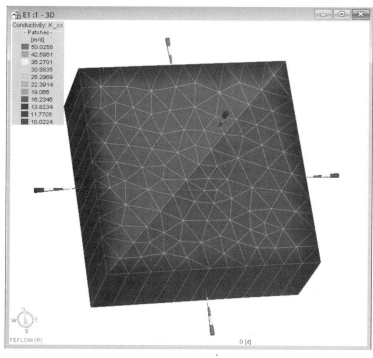

图 3.43　介质属性设置

5. 模拟运行

在"Simulation"工具栏单击"Start"按钮,模拟运行启动。当模拟完成,模拟结果显示如图3.44所示。

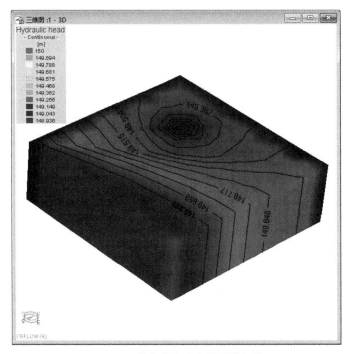

图3.44　三维非稳定水流模型模拟结果

3.8.3　复习要点

(1) 掌握三维潜水非稳定流的模拟操作。

(2) 掌握降雨补给的参数设置的方法。

3.9　案　例　1

3.9.1　案例背景

某地区地下水被污染,来源是西部的两处垃圾堆放场地。某一企业在对该地区垃圾堆放场地进行实际调查的基础上,进行了现场取样、测试分析、室内试验等系列工作,对垃圾堆放场地周围地下水的污染现状进行了稳态模拟预测。模拟区域为单层承压含水层,南北边界为隔水边界,东西边界为定水头边界,地下水总体流向由西向东。西部水头值为30 m,东部水头值为29.8 m,含水层的导水系数为175 m²/d,两处垃圾堆放场地污染物溶质浓度均为为110 mg/L。

3.9.2　基本建模过程

1. "Supermesh"模型绘制
采用上节同样的方法绘制一个正方形"Supermesh"模型。

2. 模型离散
在"Meshing"面板下拉栏选中"Advancing Front"方法,并点击"Generate Mesh"按钮,模型离散启动,窗口栏"Slice"视图窗口自动出现。用鼠标左键双击"Meshing"面板下部"From Supermesh Elements"中的"Supermesh"字样,将"Proposed elements"值改为2000并按键盘回车键,点击"Generate Mesh"按钮,加密网格。

3. 模拟类型设定
选中主菜单栏"Edit"——"Problem Settings",在弹出的对话框左侧列表中选择"Problem Class",并在右侧选项中选取"Horizontal""Standard(saturated)groundwater-flow equation""Mass"和"Steady"五个选项,对话框如图3.45所示,设定好后点击"Apply"按钮应用。接着点击左侧列表中选择"Numerical Parameters",将右侧迎风方法选为"Full upwinding",如图3.46所示。设定好后点击"Apply"按钮应用,并点"OK"确认。

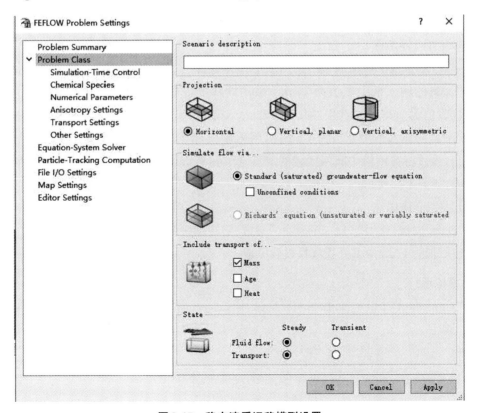

图3.45　稳态溶质运移模型设置

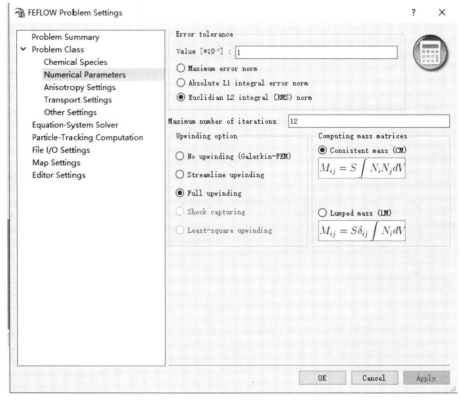

图 3.46　迎风法设置

4. 模型参数的设定

（1）设置边界条件

选中"Hydraulic-head BC"参数。使用"Selection"工具,将正方形左侧边选中,然后在"Editor"工具的输入框中赋值为 30 m。采用同样的方法将正方形右侧边"Hydraulic-head BC"参数赋值为 29.8 m。选中"Mass concentration BC"参数,将正方形两侧的边选中,在"Editor"工具的输入框中赋值为 0 mg/L,将限制条件"Min. mass-flow constraint"参数赋值为 0 g/d。最后将在网格中间两区域的节点选中并将溶质浓度赋值为 110 mg/L,边界条件设置完成,如图 3.47 所示。

（2）设置介质属性

在"Data"面板,选中"Transmissivity"参数,将视图中的所有单元选中,在"Editor"工具的输入框中赋值为 175 m²/d,介质属性设置完成。

5. 模拟运行

在"Simulation"工具栏单击"Start"按钮,模拟运行启动。当模拟完成,模拟预测结果显示如图 3.48 所示。

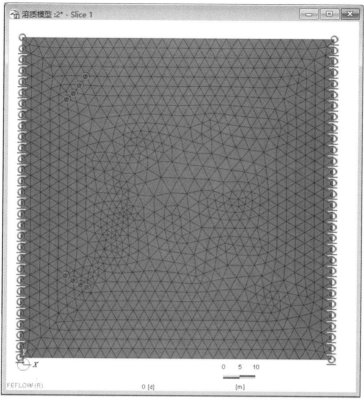

图3.47　案例1模型边界条件设置

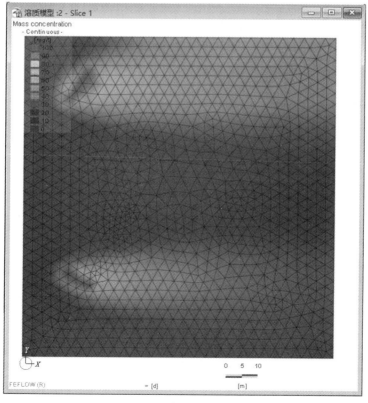

图3.48　案例1模拟结果

3.10 案 例 2

3.10.1 案例背景

某项目地处平原,需要开采地下水满足工程建设需要,因担心大量开采地下水,导致区域性地下水位不均匀下降,对周边环境产生不良影响,项目建设单位委托某企业对该区域拟抽取地下水进行模拟预测,模拟时段为一年。模拟区域为单层潜水含水层,南北边界为隔水边界,东西边界为定水头边界,东西部水头值为90 m,含水层的渗透系数为50 m/d,模拟开始时模拟区的水头值为90 m。

3.10.2 基本建模过程

1. "Supermesh"模型绘制

采用上节同样的方法绘制一个正方形"Supermesh"模型。

2. 模型离散

在"Meshing"面板下拉栏选中"Advancing Front"方法,并点击"Generate Mesh"按钮,启动模型离散,窗口栏"Slice"视图窗口自动出现。用鼠标左键双击"Meshing"面板下部"From Supermesh Elements"中的"Supermesh"字样,将"Proposed elements"值改为3000,并按键盘回车键,点击"Generate Mesh"按钮,加密网格。

3. 模拟类型设定

选中主菜单栏"Edit"——"3D Layer Configuration"将二维模型扩展为三维模型。选中主菜单栏"Edit"——"Problem Settings",在弹出的对话框左侧列表中选择"Problem Class",并在右侧选项中选取"Standard(saturated)groundwater-flow equation"和"Transient"两个选项,对话框如图3.49所示,设定好后点击"Apply"按钮应用。接着点击左侧列表中选择"Free Surface",将右侧含水层类型选为"Unconfined aquifers",并将含水层顶面设置为"Unconstrained head",底面设置为"Constrained head",如图3.50所示。设定好后点击"Apply"按钮应用,并点"OK"确认。

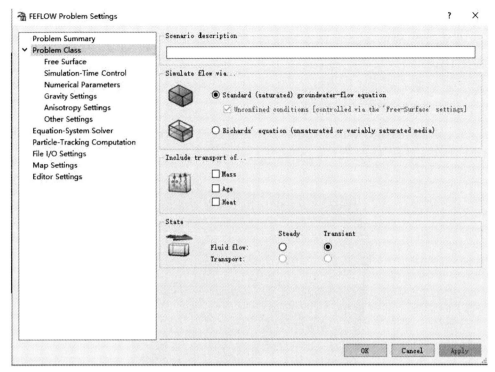

图3.49 三维非稳态饱和水流模型设置

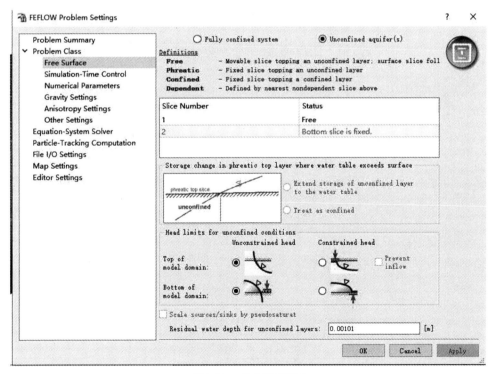

图3.50 自由面设置2

4. 模型参数的设定

(1) 设置边界条件

选中"Hydraulic-head BC"参数。使用"Selection"工具,将正方形左右两边选中,然后在"Editor"工具的输入框中赋值为 90 m,如图 3.51 所示。点击主菜单栏上"Edit"——"Time Series...",在弹出的对话框中点击"Create new time series"按钮并设置时间序列的 ID 号,将时间序列及对应的值填入右侧中,如图 3.52 所示。选中"Well BC"参数,赋值为时间序列数据。

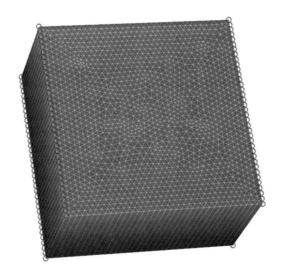

图 3.51　三维非稳态饱和水流模型边界条件设置

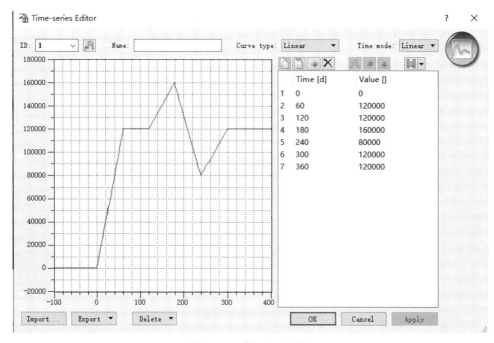

图 3.52　时间序列设置

（2）设置介质属性

选中"Conductivity"参数,将K_XX、K_YY、K_ZZ均赋值为50 m/d。

（3）设置初始条件

将视图中的所有节点选中,选中"Hydraulic head"参数,在"Editor"工具的输入框中赋值为90 m。

5. 模拟运行

在"Simulation"工具栏单击"Start"按钮,模拟运行启动。模拟过程中形成了降水漏斗,如图3.53所示。因此,建设单位需要进一步评估抽水计划对周边地下水环境的影响情况。

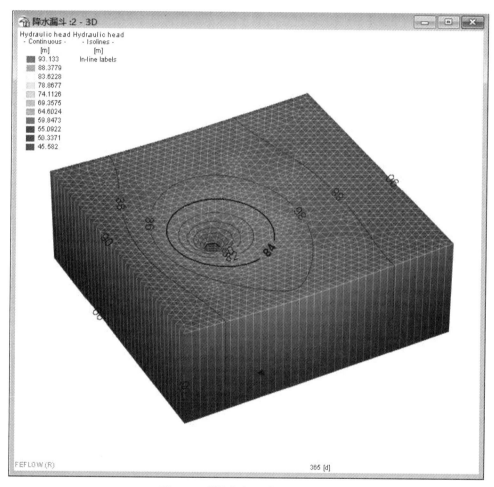

图3.53　模拟期间形成的降水漏斗

参 考 文 献

［1］ 薛禹群,谢春红.地下水数值模拟[M].北京:科学出版社,2007.

［2］ 易立新,徐鹤.地下水数值模拟:GMS 应用基础与实例[M].北京:化学工业出版社,2009.

［3］ 杜新强.地下水流数值模拟基础[M].北京:中国水利水电出版社,2014.

［4］ 孙培德,楼菊青.环境系统模型及数值模拟[M].北京:中国环境科学出版社,2005.

［5］ 肖长来,梁秀娟,王彪.水文地质学[M].北京:清华大学出版社,2010.

［6］ 王亚军.水文与水文地质学[M].北京:化学工业出版社,2013.

［7］ 陈崇希,唐仲华,胡立堂.地下水流数值模拟理论方法及模型设计[M].北京:地质出版社,2014.